高等学校土木工程专业"十三五"规划教材
高校土木工程专业规划教材

结构力学复习纲要及习题集

吕恒林 主 编
鲁彩凤 张营营 姬永生
范 力 舒前进 卢丽敏 副主编

中国建筑工业出版社

图书在版编目（CIP）数据

结构力学复习纲要及习题集/吕恒林主编. —北京：
中国建筑工业出版社，2019.1
高等学校土木工程专业"十三五"规划教材. 高校
土木工程专业规划教材
ISBN 978-7-112-22907-9

Ⅰ.①结… Ⅱ.①吕… Ⅲ.①结构力学-高等学
校-习题集 Ⅳ.①TU311-44

中国版本图书馆CIP数据核字（2018）第246625号

　　本书是学习结构力学课程的辅导用书，主要是配合吕恒林主编的《结构力学》（上册、下册）的学习而编写。全书分14章，每章包括学习要求、基本内容、本章习题及参考答案四部分内容。各章都明确了学习重点及难点，归纳了基本概念、基本原理和分析计算方法。本书习题包括判断题、填空题、分析题及计算题，并附有习题的参考答案。

　　本书可与主教材配套使用，也可作为一本独立的学习辅导用书，也可供相关专业的工程技术人员使用。

* * *

责任编辑：聂　伟　王　跃
责任校对：王　瑞

高等学校土木工程专业"十三五"规划教材
高校土木工程专业规划教材
结构力学复习纲要及习题集
吕恒林　主　编
鲁彩凤　张营营　姬永生　副主编
范　力　舒前进　卢丽敏

*

中国建筑工业出版社出版、发行（北京海淀三里河路9号）
各地新华书店、建筑书店经销
霸州市顺浩图文科技发展有限公司制版
北京建筑工业印刷厂印刷

*

开本：787×1092毫米　1/16　印张：14¾　字数：351千字
2019年1月第一版　2019年1月第一次印刷
定价：32.00元
ISBN 978-7-112-22907-9
（33022）

版权所有　翻印必究
如有印装质量问题，可寄本社退换
（邮政编码100037）

前　言

本书是结构力学课程的辅导用书，是根据高等学校力学教学指导委员会力学基础课程教学指导分委员会制定的《高等学校理工科非力学专业力学基础课程教学基本要求》，在各位编者多年从事结构力学教学、科研以及工程实践的基础上编写而成，主要是配合吕恒林主编的《结构力学》（上册、下册）的学习而编写。

全书分14章，包括：绪论、平面杆件体系的几何组成分析、静定梁和静定刚架、静定拱和悬索结构、静定桁架和组合结构、结构位移的计算、力法、位移法、渐近法、影响线及其应用、矩阵位移法、结构的极限荷载、结构的弹性稳定及结构的动力计算。每章包括四部分内容：

（1）学习要求：明确了各章的学习重点及难点；

（2）基本内容：归纳了各章的基本概念、基本原理和分析方法；

（3）典型习题：主要包括判断题、填空题、分析题及计算题。各章习题力求典型性和多样化，在保证基本训练的基础上，加深了对知识点的理解。

（4）习题参考答案：给出了习题的参考答案。

本书由中国矿业大学力学与土木工程学院结构力学课程教学团队编写完成，其中吕恒林编写第1、2、9章，鲁彩凤编写第3、6、7、10、14章，张营营编写第4、5章，姬永生编写第8章，范力编写第11章，舒前进编写第12章，卢丽敏编写第13章。全书由吕恒林、鲁彩凤负责修改定稿。

本书可与主教材配套使用，也可作为一本独立的学习辅导用书，还可供相关专业的工程技术人员使用。

欢迎各位读者对本书中存在的错误或不妥之处批评指正。

编　者

目　　录

第1章　绪论 …………………………………………………………………………… 1
　1.1　学习要求 ………………………………………………………………………… 1
　1.2　基本内容 ………………………………………………………………………… 1
第2章　平面杆件体系的几何组成分析 ……………………………………………… 4
　2.1　学习要求 ………………………………………………………………………… 4
　2.2　基本内容 ………………………………………………………………………… 4
　2.3　本章习题 ………………………………………………………………………… 9
　2.4　习题参考答案 …………………………………………………………………… 14
第3章　静定梁和静定刚架 …………………………………………………………… 16
　3.1　学习要求 ………………………………………………………………………… 16
　3.2　基本内容 ………………………………………………………………………… 16
　3.3　本章习题 ………………………………………………………………………… 21
　3.4　习题参考答案 …………………………………………………………………… 32
第4章　静定拱和悬索结构 …………………………………………………………… 36
　4.1　学习要求 ………………………………………………………………………… 36
　4.2　基本内容 ………………………………………………………………………… 36
　4.3　本章习题 ………………………………………………………………………… 40
　4.4　习题参考答案 …………………………………………………………………… 45
第5章　静定桁架和组合结构 ………………………………………………………… 47
　5.1　学习要求 ………………………………………………………………………… 47
　5.2　基本内容 ………………………………………………………………………… 47
　5.3　本章习题 ………………………………………………………………………… 50
　5.4　习题参考答案 …………………………………………………………………… 57
第6章　结构位移的计算 ……………………………………………………………… 60
　6.1　学习要求 ………………………………………………………………………… 60
　6.2　基本内容 ………………………………………………………………………… 60
　6.3　本章习题 ………………………………………………………………………… 68
　6.4　习题参考答案 …………………………………………………………………… 78
第7章　力法 …………………………………………………………………………… 80
　7.1　学习要求 ………………………………………………………………………… 80
　7.2　基本内容 ………………………………………………………………………… 80
　7.3　本章习题 ………………………………………………………………………… 89
　7.4　习题参考答案 …………………………………………………………………… 102

第 8 章 位移法 · · · · · · 108
8.1 学习要求 · · · · · · 108
8.2 基本内容 · · · · · · 108
8.3 本章习题 · · · · · · 113
8.4 习题参考答案 · · · · · · 123

第 9 章 渐近法 · · · · · · 126
9.1 学习要求 · · · · · · 126
9.2 基本内容 · · · · · · 126
9.3 本章习题 · · · · · · 128
9.4 习题参考答案 · · · · · · 134

第 10 章 影响线及其应用 · · · · · · 138
10.1 学习要求 · · · · · · 138
10.2 基本内容 · · · · · · 138
10.3 本章习题 · · · · · · 146
10.4 习题参考答案 · · · · · · 158

第 11 章 矩阵位移法 · · · · · · 162
11.1 学习要求 · · · · · · 162
11.2 基本内容 · · · · · · 162
11.3 本章习题 · · · · · · 164
11.4 习题参考答案 · · · · · · 173

第 12 章 结构的极限荷载 · · · · · · 176
12.1 学习要求 · · · · · · 176
12.2 基本内容 · · · · · · 176
12.3 本章习题 · · · · · · 180
12.4 习题参考答案 · · · · · · 184

第 13 章 结构的弹性稳定 · · · · · · 186
13.1 学习要求 · · · · · · 186
13.2 基本内容 · · · · · · 186
13.3 本章习题 · · · · · · 194
13.4 习题参考答案 · · · · · · 200

第 14 章 结构的动力计算 · · · · · · 203
14.1 学习要求 · · · · · · 203
14.2 基本内容 · · · · · · 203
14.3 本章习题 · · · · · · 215
14.4 习题参考答案 · · · · · · 224

参考文献 · · · · · · 227

第1章 绪 论

1.1 学习要求

本章主要讨论了结构力学的研究对象和任务、荷载的分类、结构计算简图的确定方法以及杆件结构类型的划分等内容。

学习要求如下：

(1) 掌握结构力学的研究对象及任务；

(2) 了解结构上作用荷载的种类；

(3) 掌握选择结构计算简图应遵循的原则，并熟悉结构计算简图的确定应进行哪些方面的简化，尤其要清楚结构计算简图中结点及支座的类型，以及其受力特点和变形特征；

(4) 熟悉常见杆件结构（梁、刚架、拱、桁架、组合结构及悬索结构）的结构形式及受力特点。

由于结构计算简图是本课程后续章节计算的依据，因此其简化内容是本章学习重点。

1.2 基本内容

1.2.1 结构力学的研究对象

由土木工程材料制成，在房屋建筑、道路、桥梁、铁路、水工、地下等工程对象中用来抵御人为和自然界施加的各种作用，以使工程对象安全使用的骨架部分，称为工程结构。工程结构中的各个组成部分称为结构构件。

工程结构按构件的几何特征可分为：杆件结构、板壳结构（薄壁结构）和实体结构。

结构力学课程中的"结构"特指杆件结构。

1.2.2 结构力学的研究任务

理论力学着重讨论质点、质点系和刚体机械运动（包括平衡）的基本规律。

材料力学着重讨论单根杆件的强度、刚度和稳定性分析。

弹性力学主要研究板壳结构和实体结构在外界因素下，处于弹性阶段时所产生的应力、应变和位移。

塑性力学主要研究固体受力后处于塑性变形状态时，塑性变形与外力的关系，以及物体中的应力场、应变场的数值分析方法。

结构力学研究杆件结构的几何组成规则及在各种外因作用下的内力、变形、稳定性以及动力反应等，主要包括：

(1) 研究平面杆件体系的几何组成规则；

(2) 研究杆件结构在外界因素（包括荷载、温度改变、支座沉降及制造误差等）影响下，其反力、内力和位移的计算原理和方法；

(3) 研究杆件结构的稳定性、塑性设计下极限荷载的计算方法以及动荷载下的动力响应问题。

1.2.3 荷载的分类

荷载指主动作用在结构上的外力。将引起结构受力或变形的外因（包括外荷载、温度变化、支座沉降、制造误差、材料收缩以及松弛、徐变等）称为广义荷载（作用）。

根据荷载作用时间划分：永久荷载（恒载）、可变荷载（活载）。

按荷载作用位置划分：固定荷载、移动荷载。

按荷载对结构产生的动力效应划分：静力荷载、动力荷载。

按荷载接触方式划分：直接荷载、间接荷载。

1.2.4 结构的计算简图

将实际杆件结构简化得到其计算简图，一般包括以下6个方面的内容：

(1) 结构体系的简化：忽略空间约束后将空间结构简化成平面结构。

(2) 杆件的简化：杆件用其轴线代替，作用在杆件上的荷载也将相应地将作用点转移到轴线上。

(3) 结点的简化

结点是指结构中杆件汇集连接区。根据结点的构造和受力状态的不同，结点通常可以简化为铰结点、刚结点和组合结点，见表1-1。

结点的类型　　　　　　　　　　　　　　　表1-1

结点类型	计算简图	变形特征	受力特征
铰结点		被连接各杆件在连接处不能相对移动，但可绕结点中心产生相对转动	不能承受和传递力矩，但可以承受和传递力
刚结点		被连接各杆在连接处不能相对移动，也不可绕中心产生相对转动	不仅承受和传递力，也可以承受和传递力矩
组合结点		部分刚结、部分铰结	部分刚结、部分铰结

(4) 支座的简化

支座是指研究的结构与基础或其他支承物的连接区。支座按其构造特点及约束作用，一般可简化为：活动铰支座（滚轴支座）、固定铰支座、固定支座及定向支座，见表1-2。

以上支座称为刚性支座。若在外力作用下支座本身也会产生变形，从而影响结构的内力和变形，称为弹性支座。弹性支座有抗移动的弹性支座（图1-1a）及抗转动的弹性支座（图1-1b）。

(5) 材料性质的简化：假设为连续的、均匀的、各向同性的、完全弹性或理想弹塑性的。

(6) 荷载的简化：不管是体积力还是表面力都可以简化为作用在杆件轴线上的荷载。

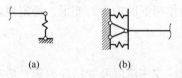

图1-1 弹性支座

支座的类型　　　　　　　　　表 1-2

支座类型	计算简图	变形特征	受力特征
活动铰支座	(图：F_{Ay})	被支承部分能沿支承面方向移动，且能绕铰心转动，但不能垂直于支承面方向移动	只能提供一个垂直于支承面方向的支座反力
固定铰支座	(图：F_{Ax}, F_A, F_{By})	被支承部分在支承处不能发生任何移动，但可以产生转动	支座反力通过铰心，但方向和大小都未知（通常用两个确定方向的未知分量表示）
固定支座	(图：F_x, M, F_y)	被支承部分在支座处不能发生任何移动和转动	能提供反力，也能提供反力矩
定向支座	(图：M, F_y)	被支承部分在支承处不能发生转动和垂直于支承面方向的移动，但可沿支承面方向滑动	能提供垂直于支承面的反力及限制转动方向上的反力矩

1.2.5 杆件结构的分类

杆件结构按受力特性来划分，包括梁、刚架、拱、桁架、组合结构及悬索结构。

第2章 平面杆件体系的几何组成分析

2.1 学习要求

本章主要讨论了平面杆件体系的几何组成规则及几何组成分析方法,并说明体系的几何组成与静定性之间的关系。几何组成分析是结构力学计算的先导。

学习要求如下:

(1) 重点掌握并理解平面体系几何组成分析中几个重要概念

包括几何不变体系、几何可变体系(含几何常变体系和几何瞬变体系)、刚片、自由度、约束(联系)、虚铰(瞬铰)及计算自由度。

(2) 明确只有几何不变体系才能作为工程结构来使用。

(3) 重点掌握几何不变杆件体系的三大几何组成规则,并能熟练地运用这些规则,分析一般平面杆件体系的几何组成情况,同时能准确地判断几何不变体系中多余约束的数目及位置。

(4) 掌握杆件体系的几何组成与静定性之间的关系。

其中,虚铰(瞬铰)概念的理解,以及几何组成分析中当有铰位于无穷远处时的特殊情况是学习难点。

2.2 基本内容

2.2.1 几何组成分析的几个概念

(1) 几何不变体系与几何可变体系

几何不变体系是指受到任意荷载作用下,若不考虑材料的应变,其几何形状和位置均能保持不变的体系。

几何可变体系是指即使不考虑材料的应变,在微小的荷载作用下也会产生刚体位移,而不能保持原有的几何形状和位置。几何可变体系分为几何常变体系和几何瞬变体系。

几何可变体系在很小的荷载作用下会产生位移,经微小位移后仍能继续发生刚体运动,这样的几何可变体系称为几何常变体系。

若原为几何可变体系,经微小位移后即转化为几何不变体系,这类几何可变体系为几何瞬变体系。工程结构绝不能采用几何瞬变体系,而且也应避免采用接近于瞬变的体系。

(2) 自由度

指体系在所受限制的许可条件下独立的运动方式,即能确定体系几何位置的彼此独立的几何坐标数目。平面内一点的自由度为2,一个刚片的自由度为3。

(3) 约束(联系)

约束是指限制体系运动的各种装置。

约束包括外部约束（支座约束）和内部约束。

1）外部约束

一个活动铰支座、固定铰支座和固定支座分别相当于1、2、3个约束。

2）内部约束

一根单链杆相当于1个约束；连接$m(m>2)$个结点的复链杆，相当于$2m-3$个单链杆，即相当于$2m-3$个约束；

一个单铰相当于2个约束；连接$m(m>2)$个刚片的复铰，可折合成$m-1$个单铰，即相当于$2(m-1)$个约束作用；

一单刚结点相当于3个约束；连接$m(m>2)$个刚片的刚结点称为复刚结点，可折合成$m-1$个单刚结点，即相当于$3(m-1)$个约束。

约束从能否减少体系的自由度方面来划分，可分为必要约束和多余约束。为保持体系几何不变所必须具有的约束称为必要约束，不能使体系的自由度数目减少的约束称为多余约束。

（4）瞬铰（虚铰）

两个刚片间用两个不共线链杆相连，其约束作用相当于这两根链杆交点位置处的一个铰所起的约束作用，这个铰称为虚铰或瞬铰（图2-1a）。在几何组成分析中，尤其要注意这样的特殊情况：两刚片间用两根相互平行的链杆相连，两根平行链杆所起的约束作用相当于无穷远处的瞬铰所起的约束作用，如图2-1（b）所示。

2.2.2 计算自由度

计算自由度通常可采用两种方法来计算。

（1）第一种计算方法

以杆件的自由度为主体，以结点和支座链杆为约束来减少自由度。该方法适用于一般任意杆件体系，计算自由度W计算式为：

$$W=3m-(2h+3g+r)$$

式中，m为刚片数；h为单铰结点数；g为单刚结点数；r为支座链杆数。

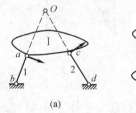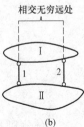

图2-1 虚铰（瞬铰）
(a) 有限远处虚铰；(b) 无限远处虚铰

若体系中存在复铰结点或复刚结点，应将其分别折算成单铰结点或单刚结点来考虑，即连接m个刚片的复铰结点相当于$m-1$个单铰结点，连接m个刚片的复刚结点相当于$m-1$个单刚结点。

（2）第二种计算方法

以铰结点的自由度为主体，以杆件和支座链杆为约束来减少自由度。该方法仅适用于铰结体系，计算自由度W计算式为：

$$W=2j-(b+r)$$

式中，j为铰结点数；b为链杆数目；r为支座链杆数。

计算自由度W的计算结果说明：

1）若$W>0$，说明体系缺少必要的约束，体系必为几何常变体系；

2）若$W=0$，表明体系具有成为几何不变所需的最少约束数目。如果约束布置得当，没有多余联系，体系将是几何不变的。若约束布置不当，具有多余联系，体系仍是几何可

3）若 $W<0$，表明体系在约束数目上还有多余，体系具有多余约束。但是若约束布置不当，仍有可能是几何可变体系。

因此，$W\leq 0$ 是体系满足几何不变的必要条件，还不是充分条件。如若进一步判断体系是否几何不变，仍需继续进行几何组成分析。

有时在自由度计算时不考虑支座链杆，只检查上部体系本身（或体系内部）的几何构造。由于本身为几何不变的体系作为一个刚片在平面内尚有 3 个自由度，故体系本身为几何不变部分的必要条件应为 $W\leq 3$。

2.2.3 杆件体系的几何组成规则

（1）二元体规则

在杆件体系几何组成分析中，把两根不共线的链杆连接一个结点的装置称为二元体。二元体的形式如图 2-2 所示。

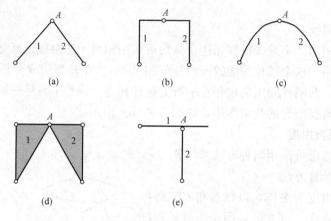

图 2-2 二元体的形式

二元体规则：在一个体系中增加或拆除一个二元体，不会改变原有体系的几何组成性质。

（2）两刚片规则

第一种提法：两刚片（已经确定为无多余联系的几何不变部分）用一个单铰和一根不通过此铰的链杆相连，则组成几何不变体系，且无多余约束，如图 2-3（a）所示。

第二种提法：两刚片（已经确定为无多余联系的几何不变部分）用三根不全平行也不交于同一点的链杆相连，则形成几何不变部分，且无多余约束，如图 2-3（b）所示。

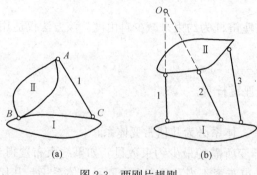

图 2-3 两刚片规则

两刚片间通过实际交于一点的三链杆相连形成的两刚片体系为几何常变体系（图 2-4a），两刚片间通过在延长线上交于一点的三链杆相连形成的体系为几何瞬变体系（图 2-4b），两刚片通过三根平行但不等长的链杆相连形成的体系为几何瞬变体系（图2-4c），两刚片间通过三根平行且等长的链杆相连形成的体系为几何常变体系（图2-4d）。

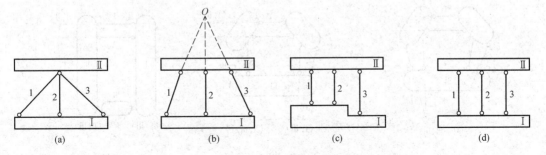

图2-4 约束布置不当的两刚片体系

（3）三刚片规则

第一种提法：三个刚片（已经确定为无多余联系的几何不变部分）用不在同一直线上的三个铰结点各自互相连接而形成的体系是几何不变的，而且没有多余约束，如图2-5（a）所示。

第二种提法：三刚片用三对链杆两两相连，若三对链杆形成的三个瞬铰的转动中心不在同一直线上，则仍形成几何不变体系，如图2-5（b）所示。

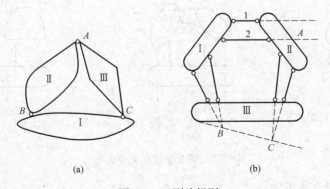

图2-5 三刚片规则

三刚片间通过共线的三个实铰两两相连，形成的体系为几何瞬变体系。

2.2.4 三刚片规则中有虚铰在无穷远处的特殊情况

几何组成分析中应用无穷远处虚铰概念时，可以采用射影几何中关于无穷远点和无穷远线的相关结论：

① 每个方向上各平行线在无穷远处交于一点，这个点称为无穷远点；
② 不同方向有不同的无穷远点；
③ 所有无穷远点都在同一直线上，此直线称为无穷远线；
④ 所有有限远处点都不在无穷远线上。

（1）一个虚铰在无穷远处

三个刚片用两个有限远处的铰（实铰或虚铰）与一个无限远处虚铰相连接，若形成虚铰的一对平行链杆与另两个有限远处铰的连线不平行，则为几何不变体系（图2-6a）；若形成虚铰的一对平行链杆与另两个有限远处铰的连线平行，则为几何瞬变体系（图2-6b）。

三个刚片用两个有限远处的铰（实铰）与一个无限远处虚铰相连接，若形成虚铰的一对平行链杆与另两个有限远处铰的连线平行且三者等长，则为几何常变体系（图2-6c）。

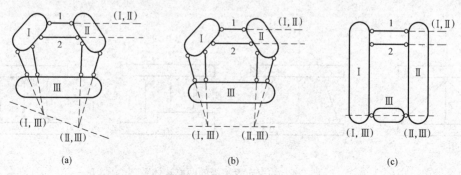

图2-6 一个虚铰在无穷远处

（2）两个虚铰在无穷远处

三个刚片用一个有限远处的铰（实铰或虚铰）与两个无限远处虚铰相连接，若形成两个虚铰的两对平行链杆互不平行时，则为几何不变体系（图2-7a）；若形成两个虚铰的两对平行链杆互相平行时，则为几何瞬变体系（图2-7b）；若形成两个虚铰的两对平行链杆互相平行且等长时，则为几何常变体系（图2-7c）。

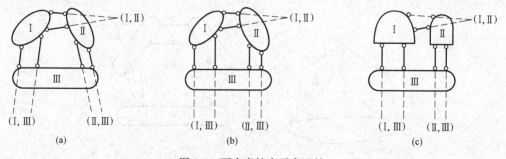

图2-7 两个虚铰在无穷远处

（3）三个虚铰在无穷远处

三个刚片用三铰相连接中的三个虚铰均在无限远处时，若用任意方向的三对平行链杆两两相连，均为瞬变体系（图2-8a）；若三对平行链杆各自等长，均为常变体系（每对链杆都是从每一刚片的同侧方向连出的情况，图2-8b）。

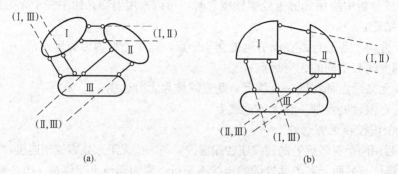

图2-8 三个虚铰在无穷远处

2.2.5 几何组成分析方法及技巧

(1) 从基础出发进行分析

若上部体系与基础相连，通常可先考虑从基础出发进行分析，即以基础为基本刚片，依次将某个部件（如一个结点、一个刚片或两个刚片）按基本组成方式连接在基础刚片上，逐渐形成扩大的基本刚片，直至形成整个体系。

(2) 从体系内部刚片出发进行分析

从体系内部的刚片出发进行分析，即首先在体系内部选择一个、两个或三个几何不变部分作为基本刚片，根据几何不变体系的几何组成规则，可判断选定刚片间的连接是否可以形成几何不变部分；然后把判定为几何不变的部分作为一个扩大的刚片，再将周围的部件按基本组成方式进行连接，直到形成上部体系；最后，将上部体系与基础连接，从而形成整个体系。

在上部体系中选刚片时要注意，选择的刚片最好在体系中均匀分布，以保证刚片间有合理的连接，其次要保证刚片与基础之间的连接要合适。

(3) 几何组成分析中的几点技巧

1) 当体系上具有二元体时，可先依次去掉二元体，再对其余部分进行几何组成分析。

2) 当体系与基础用三根不互相平行也不交于一点的链杆相连时，可以去掉这些支承链杆，只对上部体系本身进行几何组成分析即可。

3) 当上部体系与基础用多于三根链杆相连时，一般情况下需将基础视为一个独立的刚片，以整个体系（包括基础）进行几何组成分析。

4) 一个体系内部无多余约束的几何不变部分，用另一个无多余约束几何不变部分替换并保持它与体系其余部分的连接不变，则不改变原体系的几何组成性质。如复杂形状的链杆（如曲链杆、折链杆）可看作通过铰心的直链杆。

几何组成分析是结构力学学习的重要内容之一。通过几何组成分析判定只有几何不变体系才能作为工程结构使用，并能判断某一几何不变体系是否有多余约束，从而才能运用相应的计算方法来求解内力和位移。因此，在结构分析前，一般都应通过几何组成分析，并明确回答是否存在多余约束，以及多余约束的数量及位置。

2.2.6 几何组成与静定性的关系

体系的静定性是指体系在任意荷载作用下的全部支座反力和内力是否可以通过静力平衡条件确定。体系的几何组成与静定性之间有着必要的联系。

无多余约束的几何不变体系是静定结构，其支座反力和内力完全可以通过平衡条件来求解。

有多余约束的几何不变体系是超静定结构，其支座反力和内力不能完全通过平衡条件来求解，必须结合其他条件（如变形条件）才能求解。

几何常变体系和几何瞬变体系在任意荷载作用下不存在静力学解答，因此均不能作为工程结构使用。

2.3 本章习题

2.3.1 判断题

1. 有多余约束的体系一定是几何不变体系。　　　　　　　　　　　　　　　（　　）

2. 几何可变体系在任何荷载作用下都不能平衡。（   ）
3. 如果体系的计算自由度大于零，那么体系一定是几何可变体系。（   ）
4. 瞬变体系中一定存在多余约束，即使在很小荷载作用下也会产生很大的内力。
（   ）
5. 在两刚片或三刚片组成几何不变体系的规则中，不仅指明了必要约束数目，而且指明了这些约束必须布置得当。（   ）
6. 几何瞬变体系产生的运动非常微小且很快就能转变成几何不变体系，因而可以当作工程结构来使用。（   ）
7. 任意两根链杆的约束作用都相当于其交点处的一个虚铰，如图2-9中链杆1和链杆2的交点O可视为虚铰。（   ）
8. 在如图2-10（a）所示体系中，去掉二元体EDF后得到图2-10（b），故原体系是几何可变体系。（   ）

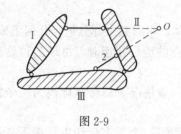

图 2-9

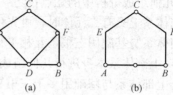

图 2-10

9. 如图2-11所示体系按三刚片规则分析，因铰A、B、C共线，故为几何瞬变体系。
（   ）
10. 如图2-12所示体系，根据三刚片规则分析该结构为静定结构。（   ）

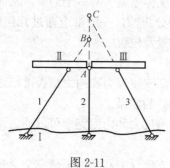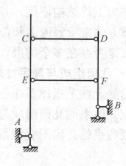

图 2-11　　　　　　　　　　图 2-12

11. 二元体规则、两刚片规则和三刚片规则是相通的。（   ）
12. 在一个体系上增加二元体，不会改变原体系的计算自由度。（   ）

2.3.2　填空题

1. 连接4个刚片的铰结点，与之相当的约束数为_____个。
2. 已知某几何不变体系的计算自由度$W=-4$，则体系的多余约束数为_____。
3. 2个刚片由3根链杆连接而成的体系是_____。
4. 将三刚片组成无多余约束的几何不变体系，至少需要的约束数目是_____。

5. 如图 2-13 所示体系的几何组成分析结论为：_____。
6. 如图 2-14 所示体系的几何组成分析结论为：_____。

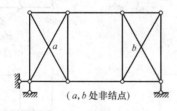

(a, b 处非结点)

图 2-13

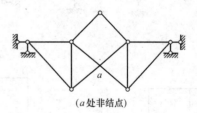

(a 处非结点)

图 2-14

7. 如图 2-15 所示体系中多余约束数为_____个。
8. 欲使如图 2-16 所示体系成为无多余约束的几何不变体系，则需在 D 端加上_____约束。

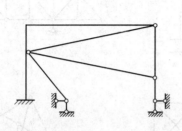

图 2-15

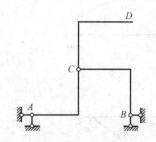

图 2-16

9. 如图 2-17 所示体系，铰结点 E 可在水平方向上移动以改变 DE 的长度，其他结点位置不变。当图中 a _____时，体系为几何不变体系。
10. 如图 2-18 所示体系，其几何组成为_____体系；若在 C 结点加上一根竖向支座链杆，则其几何组成为_____体系；若在 C 点加一固定铰支座后，则其几何组成为_____体系。

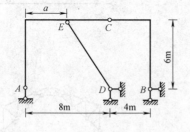

图 2-17

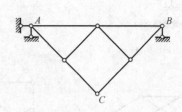

图 2-18

11. 静定结构的静力特性是_____，超静定结构的几何组成特点是_____。

2.3.3 分析题

分析如图 2-19 所示平面体系的几何组成。

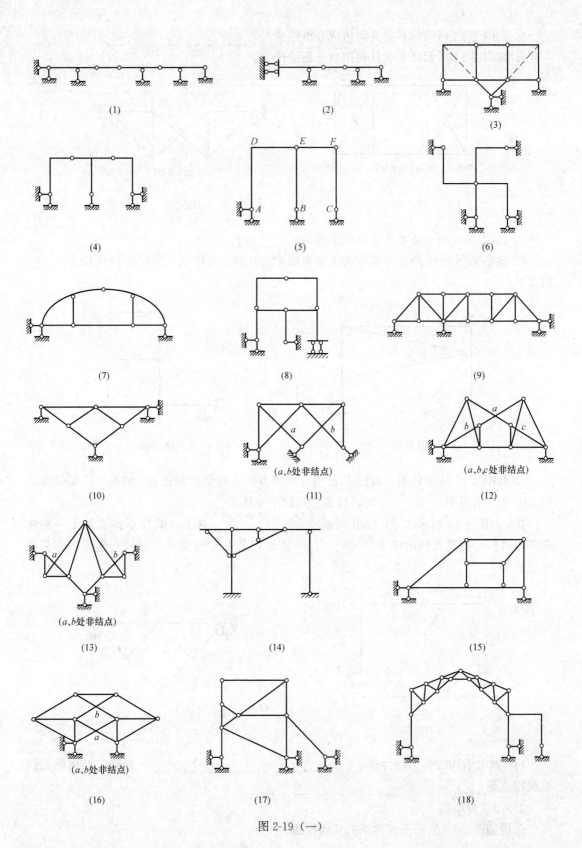

图 2-19（一）

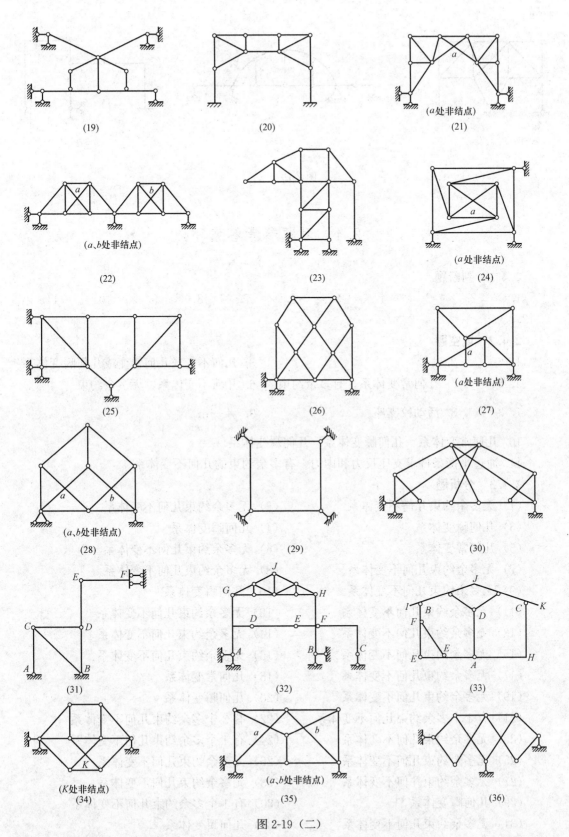

图 2-19（二）

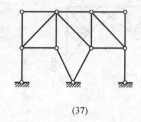
(37)

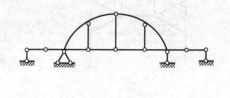
(38)

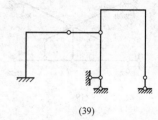
(39)

图 2-19（三）

2.4 习题参考答案

2.4.1 判断题

1. × 2. × 3. × 4. √ 5. √ 6. × 7. × 8. × 9. × 10. √ 11. √
12. √

2.4.2 填空题

1. 6　　2. 4　　　　　　　　　3. 几何不变或几何常变或几何瞬变体系

4. 6　　5. 几何常变体系，有多余约束　　6. 几何不变体系，无多余约束

7. 3　　8. 活动铰支座　　　　　9. $\neq \dfrac{16}{3}$m

10. 几何常变体系　几何瞬变体系　几何瞬变体系

11. 通过平衡条件求支座反力和内力　有多余约束的几何不变体系

2.4.3 分析题

(1) 无多余约束几何不变体系　　　　(2) 无多余约束几何不变体系

(3) 几何瞬变体系　　　　　　　　　(4) 几何瞬变体系

(5) 几何常变体系　　　　　　　　　(6) 无多余约束几何不变体系

(7) 无多余约束几何不变体系　　　　(8) 无多余约束几何不变体系

(9) 无多余约束几何不变体系　　　　(10) 几何瞬变体系

(11) 无多余约束几何不变体系　　　 (12) 无多余约束几何不变体系

(13) 无多余约束几何不变体系　　　 (14) 无多余约束几何不变体系

(15) 无多余约束几何不变体系　　　 (16) 无多余约束几何不变体系

(17) 无多余约束几何不变体系　　　 (18) 几何常变体系

(19) 无多余约束几何不变体系　　　 (20) 几何瞬变体系

(21) 有 1 个多余约束几何不变体系　(22) 有 2 个多余约束几何不变体系

(23) 无多余约束几何不变体系　　　 (24) 有 1 个多余约束几何不变体系

(25) 无多余约束几何不变体系　　　 (26) 无多余约束几何不变体系

(27) 无多余约束几何不变体系　　　 (28) 无多余约束几何不变体系

(29) 几何瞬变体系　　　　　　　　 (30) 有 1 个多余约束几何不变体系

(31) 无多余约束几何不变体系　　　 (32) 几何瞬变体系

(33) 有1个多余约束几何不变体系　　(34) 几何瞬变体系
(35) 无多余约束几何不变体系　　(36) 几何常变体系
(37) 无多余约束几何不变体系　　(38) 无多余约束几何不变体系
(39) 无多余约束几何不变体系

第 3 章 静定梁和静定刚架

3.1 学习要求

本章基于杆件内力分析方法，分别讨论了单跨静定梁、多跨静定梁、静定平面刚架结构的内力分析方法及内力图的绘制，并介绍了不求或少求支反力直接快速绘弯矩图的方法。静定梁、刚架的内力计算及内力图的绘制是后续章节的基础，在结构力学课程中占有重要的位置。

学习要求如下：
(1) 熟练掌握用截面法计算结构中指定截面内力的概念和方法，能正确运用隔离体的静力平衡条件，计算静定梁和静定刚架结构在荷载作用下的支座反力和任一截面内力；
(2) 能熟练运用荷载与内力的微分关系来指导梁和刚架内力图的绘制，并能正确判断内力图的轮廓形状；
(3) 能迅速绘出简支梁在常见荷载作用下的弯矩图，在此基础上能熟练地运用区段叠加法绘制梁和刚架中任一直杆段在横向荷载作用下的弯矩图；
(4) 掌握单跨静定梁（包括斜梁）内力分析及内力图绘制的方法；
(5) 能根据多跨静定梁的几何组成特点和力的传递特点，掌握其内力分析方法和内力图的绘制；
(6) 掌握静定刚架（包括简支、悬臂、三铰及组合形式的刚架）支座反力、内力分析及内力图绘制；能根据组合刚架的几何组成特点和受力特点，通过画层次图求解组合刚架结构；
(7) 掌握不求或少求支反力快速作弯矩图的技巧。

其中，内力与荷载微分关系式的力学意义理解及实际应用、区段叠加法作弯矩图、静定组合刚架结构的内力分析次序，以及快速作弯矩图的技巧是本章学习的难点。

3.2 基本内容

3.2.1 杆件内力分析方法

(1) 内力分量

轴力 F_N 是横截面上的应力沿截面法线方向的合力，一般以拉力为正，压力为负。

剪力 F_S 是横截面上的应力沿截面切线方向的合力，以绕截面处微段隔离体顺时针方向转动为正，反之为负。

弯矩 M 是横截面上的应力对截面形心取矩的代数和，一般不规定正负号。有时按习惯也可规定，在水平杆件中弯矩使杆件截面的下侧纤维受拉时为正，上侧受拉时为负。

（2）截面法

截面法是计算指定截面内力的基本方法，即沿指定截面假想将结构截开，切开后截面内力暴露为外力，取截面左侧（或右侧）作为隔离体，作隔离体受力图，建立平衡方程，从而可确定指定截面的内力。

由截面法可得截面上三个内力分量的运算规则如下：

1) 轴力 F_N 等于截面左侧（或右侧）的所有外力（包括支座反力）沿截面法线方向的投影代数和；

2) 剪力 F_S 等于截面左侧（或右侧）的所有外力（包括支座反力）沿截面切线方向的投影代数和；

3) 弯矩 M 等于截面左侧（或右侧）的所有外力（包括支座反力）对截面形心取矩的代数和。

（3）内力图

内力图表示结构上各截面的内力随横截面位置变化规律的图形，包括 M 图、F_S 图和 F_N 图。内力图用平行于杆轴线方向的坐标表示横截面位置（又称基线），用垂直于杆轴线的坐标（又称竖标）表示相应截面的内力值。

轴力图、剪力图中，竖标正、负值分别画在杆件基线的两侧，要标明正负号；弯矩图画在杆件的受拉侧，不标正负。内力图要画上竖标，标注某些控制截面处的竖标值，并写明图名和单位。

（4）内力图的形状特征

直杆段上内力图的形状特征见表 3-1。熟练掌握内力图的这些形状特征，对于正确、迅速地绘制内力图、校核内力图是很有帮助的。

直杆段内力图的形状特征 表 3-1

荷载情况 内力图	无横向荷载区段	横向均布荷载 q_y 作用区段	横向集中力 F_y 作用处	集中力偶 m 作用处	纵向均布荷载 q_x 作用区段	纵向集中力 F_x 作用处
弯矩图	一般为斜直线	二次抛物线（凸向与 q_y 同向）	有尖角(尖角指向与 F_y 同向)	有极值	有突变（突变值＝m）	无影响	无变化
剪力图	平行线	斜直线	为零处	有突变（突变值＝F_y）	如变号	无变化	无影响	无变化
轴力图	—	无影响	无变化	无变化	斜直线	有突变（突变值＝F_x）

（5）区段叠加法作 M 图

对承受横向荷载作用的任意结构中直杆段，都可采用区段叠加法作其弯矩图：先采用截面法求出该段两个杆端截面弯矩值并将其连以一虚线，然后以此虚线为基线，叠加相应简支梁在跨间相应荷载作用下的弯矩图，如图 3-1 所示。

区段叠加法适用于任意结构中的任意直杆段，不管该杆段区间内各相邻截面如何约束，也不管区间是否存在变截面。为了更好地应用区段叠加法作弯矩图，宜记住简支梁在

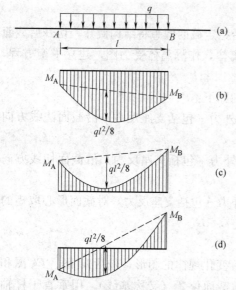

图 3-1 区段叠加法作弯矩图

常见荷载作用下的 M 图。

3.2.2 单跨静定梁

(1) 单跨静定梁的形式及支座反力

除了三种基本形式：简支梁、悬臂梁和外伸梁，还有简支斜梁以及曲梁。

单跨静定梁有三个支座反力，可取全梁段为隔离体，由三个整体平衡方程先行求出。

(2) 单跨静定梁内力图的绘制步骤

1) 利用整体平衡条件求支座反力（悬臂梁可不求支座反力）；

2) 选定外力的不连续点（如支座处、集中荷载及集中力偶作用点左右截面、分布荷载的起点及终点等）为控制截面，采用截面法求出控制截面处的内力值；

3) 根据内力图的形状特征，直接作相邻控制截面间的内力图。如果相邻控制截面间有横向荷载作用，其弯矩图应采用区段叠加法来绘制。

(3) 简支斜梁

简支斜梁在水平方向均布荷载作用下，其内力（M、F_S、F_N）与相应等跨水平简支梁在相应荷载作用下内力（M^0、F_S^0）有下列关系：

$$M=M^0, \quad F_S=F_S^0\cos\alpha, \quad F_N=-F_S^0\sin\alpha$$

这说明，简支斜梁在水平方向均布荷载作用下的弯矩图与相应水平梁的弯矩图相同，但斜梁的剪力和轴力均是水平梁剪力的投影。这里，α 为斜梁的倾斜角度。

简支斜梁在沿斜杆轴线方向的均布荷载 q' 作用下，通常将其换算成沿水平方向均布的荷载 q（图 3-2），即：

$$q=\frac{q'}{\cos\alpha}$$

由此可知，沿杆轴方向均布荷载作用下简支斜梁的内力图等于相应水平向均布荷载作用下内力图除以 $\cos\alpha$。

结构中斜杆弯矩图的绘制也可以采用区段叠加法（图 3-3）。

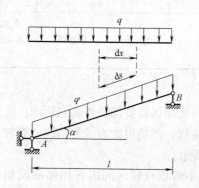

图 3-2 斜梁承受竖向分布荷载的转化

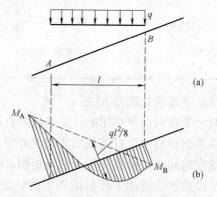

图 3-3 区段叠加法作斜杆段弯矩图

3.2.3 多跨静定梁

多跨静定梁是由若干根单跨静定梁用铰相连，用来跨越几个相连跨度的静定结构。

(1) 几何组成特点

组成多跨静定梁的各单跨梁可分为基本部分和附属部分。基本部分是指本身能独立维持平衡的部分，而需要依靠其他部分的支承才能保持平衡的部分称为附属部分。

多跨静定梁的几何组成次序：先固定基本部分，再固定附属部分。

为了更清楚地表明多跨静定梁中各梁段之间的支承关系，常把基本部分画在附属部分的下方，附属部分画在基本部分的上方，从而得到层次图。

(2) 力的传递特点

作用在附属部分上的外荷载可以通过铰结点传递给基本部分，而作用在基本部分上的外荷载不会传递到其附属部分。

(3) 内力分析方法

多跨静定梁的内力分析次序与其几何组成次序刚好是相反的。内力分析步骤一般如下：

1) 进行几何组成分析，分清基本部分和附属部分，根据各梁段的几何组成次序绘出层次图；

2) 按照先附属部分后基本部分的计算次序，对各单跨梁段逐一进行支座反力和内力的计算。在这里，尤其注意在对基本部分进行分析时不要遗漏了由其附属部分传递来的作用力；

3) 分别作出各单跨梁段的内力图，即形成整个多跨梁的内力图。

3.2.4 静定平面刚架

(1) 刚架及其特征

刚架是指梁、柱主要由刚结点连接形成的结构。

刚架结构中，刚结点连接的各杆端不能发生相对转动，因而由刚结点连接的各杆端之间夹角始终保持不变。

刚结点可以承受和传递弯矩，因而在刚架中弯矩是主要内力。

(2) 静定刚架结构的形式

常见的静定平面刚架有简支刚架、悬臂刚架和三铰刚架三种基本形式，由这三种基本形式的刚架通过铰连接可形成各种形式的组合刚架。组合刚架由基本部分和附属部分组成。

(3) 支座反力的求解

对于简支刚架和悬臂刚架，支座反力只有三个，可以直接通过三个整体平衡方程求出所有支座反力。

对于三铰刚架，支座反力有四个，利用三个整体平衡方程及铰处弯矩等于零的平衡条件，也能求出所有的支座反力。

对于组合刚架，支座反力一般为四个或四个以上，求解方法一般如下：进行几何组成分析，分清基本部分和附属部分；先取附属部分为研究对象，求出与其相连支座处的反力，以及其与基本部分铰连接处的约束力；再取基本部分进行分析，求出其余的支座反力。在对基本部分进行分析时，注意不要遗漏其附属部分传来的铰约束力。

（4）刚架的内力分析

刚架内力通常包括弯矩、剪力和轴力，其正负号规定与前相同。绘制刚架内力图时，也是将弯矩图画在受拉侧，不标正负号；剪力图、轴力图中正负竖标值分别绘在杆件异侧，且标明正负号。

在刚架中，为了明确同一结点处不同方向各杆端截面的内力，在内力符号后面引入两个下标：第一个下标表示内力所在截面的位置，第二个下标表示该截面所属杆件的另一端编号。

静定刚架结构的内力图绘制步骤一般如下：

1) 由整体或局部平衡条件求出所有的支座反力或铰连接处的约束力（悬臂刚架可先不求支座反力）；

2) 采用截面法求出各直杆段的杆端截面内力；

3) 对每直杆段，由求出的杆端内力，根据内力图的形状特征或区段叠加法直接作出相应的内力图；

4) 将各直杆段的内力图对应组装在一起，即形成整个刚架结构的内力图。

3.2.5 快速作弯矩图

快速作弯矩图通常可综合考虑以下几个方面：

（1）结构上若有简支或悬臂部分，其弯矩图可先绘出。

（2）充分利用弯矩图的形状与所受横向荷载的关系

无横向荷载作用的直杆段，弯矩图为直线；承受横向荷载作用的直杆段，弯矩图可通过区段叠加法绘制；受集中力偶作用的直杆段，弯矩图在集中力偶作用点处有突变，突变值等于集中力偶值，且集中力偶作用点两侧弯矩图斜率相等。

（3）利用刚结点的力矩平衡条件

若刚结点上无外力偶作用，刚结点连接的各杆端弯矩代数和为零（图3-4）。对有外力偶作用的刚结点，刚结点连接的各杆端弯矩，再加上外力偶，要满足力矩代数和为零的平衡条件（图3-5）。

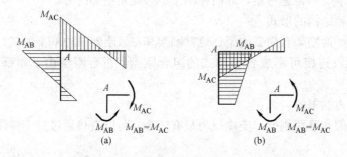

图 3-4 无外力偶作用时刚结点处 M 图特点

（4）与铰结点相连杆端的弯矩值

若与铰结点相连的杆端无外力偶作用，则该杆端弯矩必定为零；若与铰结点相连的杆端有外力偶作用，则该杆端弯矩值等于外力偶大小，但要注意外力偶的方向与其引起杆端受拉侧的关系。

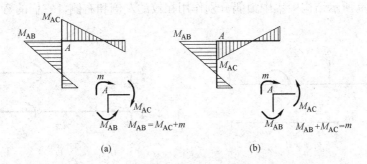

图 3-5 有外力偶作用时刚结点处 M 图特点

(5) 充分利用结构的对称性

对称结构在对称荷载作用下弯矩图是对称的，在反对称荷载作用下弯矩图是反对称的。

还有，剪力相等的两平行直杆的弯矩图平行，外力与杆轴重合时不产生弯矩，外力与杆轴平行及外力偶产生的弯矩为常数，作用在基本部分上的荷载不会传递到其附属部分等。

弯矩图作出后，根据杆段平衡条件可作出剪力图。然后，根据结点平衡条件，又可作出轴力图，并求出所有的支座反力。

3.3 本章习题

3.3.1 判断题

1. 在任意结构中，只要直杆段两端弯矩和该杆段所受外力已知，则该杆段的内力分布就可以完全确定。 （ ）
2. 静定结构在荷载作用下均会产生内力，内力与杆件截面尺寸及材料均无关。
 （ ）
3. 当外荷载作用在结构的基本部分时，附属部分不受力；当外荷载作用在某一附属部分时，整个结构必定都受力。 （ ）
4. 如图 3-6 所示结构中支座 B 处的支座反力等于 $F/2$。 （ ）
5. 如图 3-7 所示分别为一杆段的 M 图和 F_S 图，若 M 图正确，则 F_S 图一定错误。
 （ ）

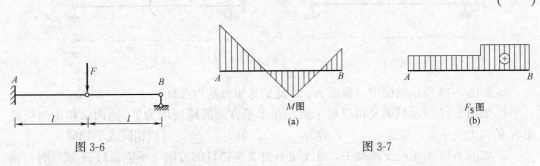

图 3-6 图 3-7

6. 如图 3-8 所示梁中，杆端弯矩 $M_{BA}=2Fa$（上侧受拉）。 （ ）

7. 如图 3-9 所示结构中集中力偶分别作用在铰的左侧和右侧,它们的弯矩图相同。
( )

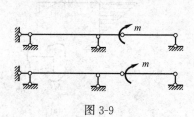

图 3-8　　　　　　　　　　　　　图 3-9

8. 如图 3-10 所示结构中仅 AB 段有内力。 ( )
9. 如图 3-11 所示结构中,杆端弯矩 $|M_{AC}|=|M_{BD}|$。 ( )

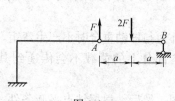

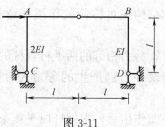

图 3-10　　　　　　　　　　　　　图 3-11

10. 如图 3-12 所示梁中,不论 a 和 b 为何值,均有 $M_A=M_B$。 ( )
11. 如图 3-13 所示梁的弯矩图是正确的。 ( )

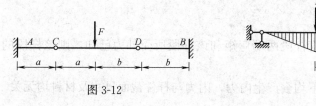

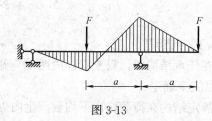

图 3-12　　　　　　　　　　　　　图 3-13

3.3.2　填空题

1. 在如图 3-14 所示简支梁中,C 左截面剪力 $F_{SC}^L=$ _____。
2. 在如图 3-15 所示简支梁中,C 右截面弯矩 $M_C^R=$ _____。

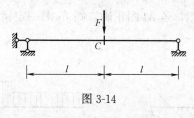

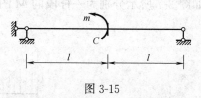

图 3-14　　　　　　　　　　　　　图 3-15

3. 如图 3-16 所示结构中,截面 A、C 处的弯矩分别为:$M_A=$ _____,$M_C=$ _____。
4. 如图 3-17 所示斜梁及相应水平梁,在水平方向的跨度均为 l,则两结构中对应截面 K 的内力关系为:弯矩 _____、剪力 _____、轴力 _____。(填相同或不相同)
5. 如图 3-18 所示简支斜梁中,当改变 B 处支座链杆的方向(不能通过 A 铰)时,该梁截面内力变化情况为:弯矩 _____、剪力 _____、轴力 _____。(填不变或变化)

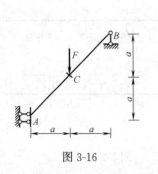
图 3-16

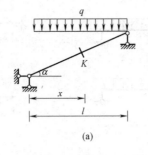

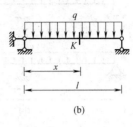

图 3-17

6. 如图 3-19 所示结构中，K 截面处弯矩 $M_K =$ _____。

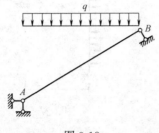

图 3-18

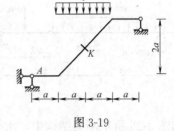

图 3-19

7. 如图 3-20 所示梁中，C 截面处弯矩 $M_C =$ _____。

8. 如图 3-21 所示两端外伸梁，若支座 A、B 与跨中弯矩数值相等，则外伸长度 $x =$ _____。

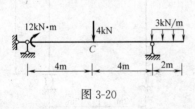

图 3-20

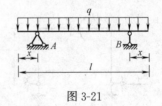

图 3-21

9. 如图 3-22 所示梁中，E 处的支座反力等于_____。

10. 如图 3-23 所示梁中，C 处截面内力 $M_C =$ ____，$F_{SC}^R =$ _____。

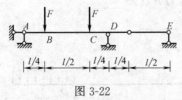

图 3-22

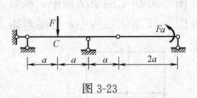

图 3-23

11. 如图 3-24 所示两个多跨梁结构的跨度及承受荷载相同，则它们弯矩图相同的条件是_____。

12. 如图 3-25 所示分别为多跨梁及其剪力图，则支座 A、C 处的竖向反力分别为：$F_{AV} =$ _____，$F_{CV} =$ _____。

13. 如图 3-26 所示结构中，若 $|M_B| = |M_A|$，则 C 点的位置 $x =$ _____。

14. 如图 3-27 所示刚架结构中，杆端内力 $M_{BA} =$ _____，$F_{SBA} =$ _____。

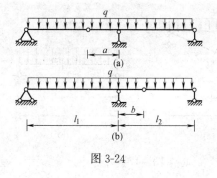
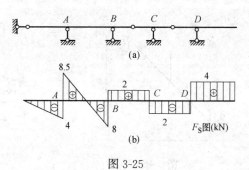

图 3-24　　　　　　　　　图 3-25

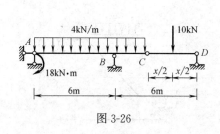
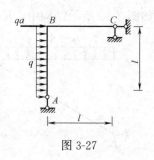

图 3-26　　　　　　　　　图 3-27

15. 如图 3-28 所示刚架结构中，水平方向支座反力 $F_H = $ _____ 。
16. 如图 3-29 所示刚架结构中，杆端内力 $M_{DB} = $ _____ ，$F_{SCA} = $ _____ 。

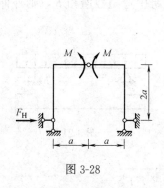
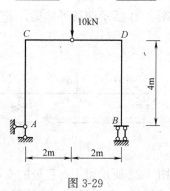

图 3-28　　　　　　　　　图 3-29

17. 如图 3-30 所示刚架结构中，截面 A 的剪力 $F_{SA} = $ _____ 。
18. 如图 3-31 所示结构中，杆端弯矩 $M_{BA} = $ _____ 。

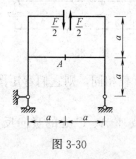
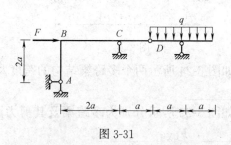

图 3-30　　　　　　　　　图 3-31

19. 如图 3-32 所示刚架结构中，杆端 DC 的内力分别为：$M_{DC} = $ ____ ，$F_{SDC} = $ ____ ，

$F_{NDC}=$ _____ 。

20. 如图 3-33 所示刚架结构中，FC 杆端剪力 $F_{SFC}=$ _____ 。

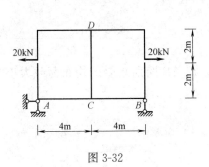
图 3-32

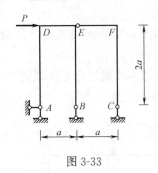
图 3-33

21. 如图 3-34 所示结构中，杆端 CD 的内力为：$M_{CD}=$ _____ ，$F_{NCD}=$ _____ 。

22. 如图 3-35 所示结构中，刚结点 C 处弯矩 $M_C=$ _____ 。

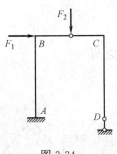
图 3-34

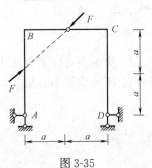
图 3-35

23. 如图 3-36 所示结构，其弯矩图形状正确的是 _____ 。

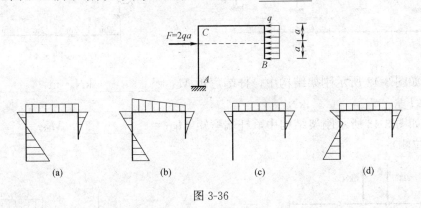
图 3-36

24. 如图 3-37 所示结构的弯矩图形状正确的是 _____ 。

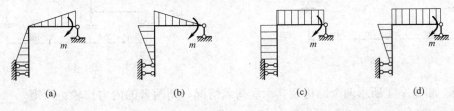
图 3-37

25. 刚架结构中有一水平横梁跨度6m，承受向下均布荷载 $q=12$kN/m，计算求得左、右两杆端弯矩分别为20kN·m（上边受拉）、30kN·m（上边受拉），则该梁段跨中截面弯矩为_____。

26. 如图3-38所示结构中，杆端弯矩 $M_{CD}=$_____ kN·m，_____ 侧受拉；杆端剪力 $F_{SAB}=$_____ kN。

27. 已知连续梁的弯矩图如图3-39所示，则AB跨所承受的均布荷载大小为_____，中间B支座的支座反力为_____。

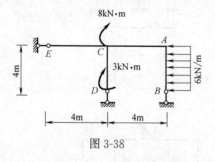

图 3-38

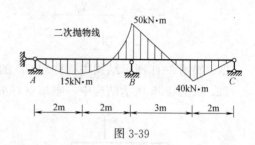

图 3-39

28. 如图3-40所示多跨度静定梁中，截面C的弯矩值 $M_C=$_____。

29. 如图3-41所示结构中，$M_{BA}=$_____，_____ 侧受拉。

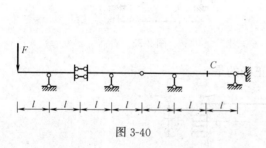

图 3-40

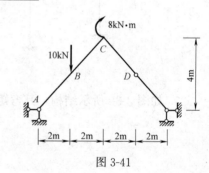

图 3-41

30. 如图3-42所示刚架结构中，杆端弯矩 $M_{AB}=$_____ kN·m，_____ 侧受拉。杆端剪力 $F_{SBA}=$_____ kN。

31. 如图3-43所示刚架结构中，杆端弯矩 $M_{ED}=$_____，$M_{FG}=$_____。（注明受拉侧）

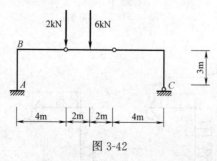

图 3-42

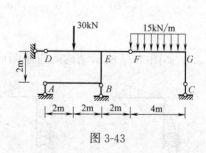

图 3-43

32. 如图3-44所示两个结构及其承受荷载情况，则两者的内力比较：弯矩____、剪力____、轴力____。（填相同或不同）

33. 如图 3-45 所示结构中支座 A 转动 φ 时，支座 C 处反力 $F_{CV}=$ _____。

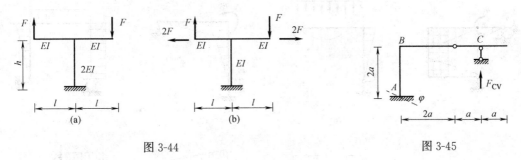

图 3-44　　　　　　　　　　　图 3-45

34. 如图 3-46 所示结构中，支座反力 $M_A=$ _____。
35. 如图 3-47 所示刚架结构中，杆端弯矩 $M_{DB}=$ _____。（注明受拉侧）

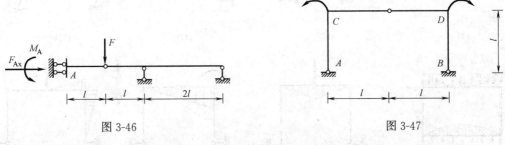

图 3-46　　　　　　　　　　　图 3-47

36. 已知连续梁及 M 图如图 3-48 所示，则支座 B 处的反力 $F_{By}=$ _____。

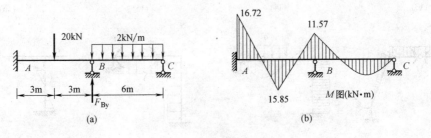

图 3-48

3.3.3　分析题

不通过计算直接判别如图 3-49 所示结构的 M 图正确与错误，并将错误的加以改正。

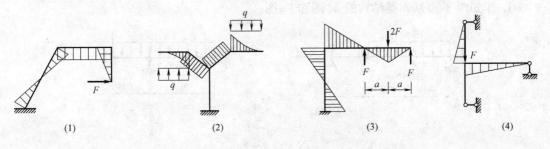

图 3-49（一）

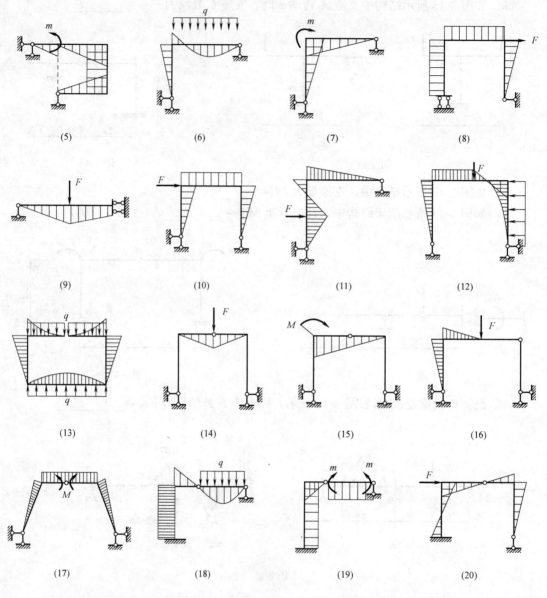

图 3-49（二）

3.3.4 计算题

1. 作如图 3-50 所示梁结构的 M 图和 F_S 图。

图 3-50（一）

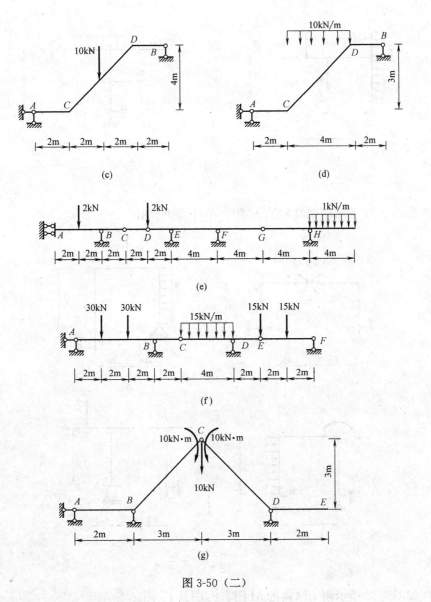

图 3-50（二）

2. 作如图 3-51 所示刚架结构的 M 图、F_S 图及 F_N 图。

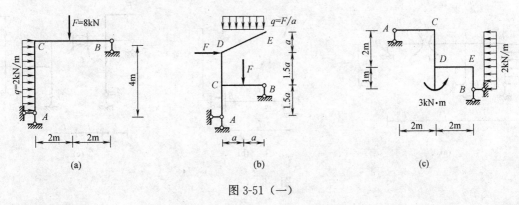

图 3-51（一）

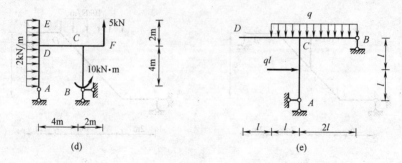

图 3-51（二）

3. 作如图 3-52 所示刚架结构的 M 图、F_S 图及 F_N 图。

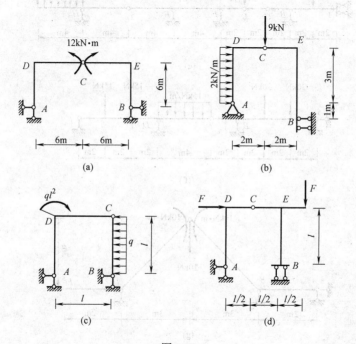

图 3-52

4. 作如图 3-53 所示刚架结构的 M 图、F_S 图及 F_N 图。

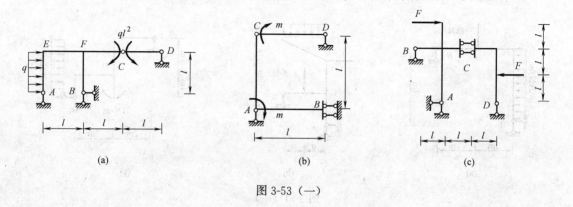

图 3-53（一）

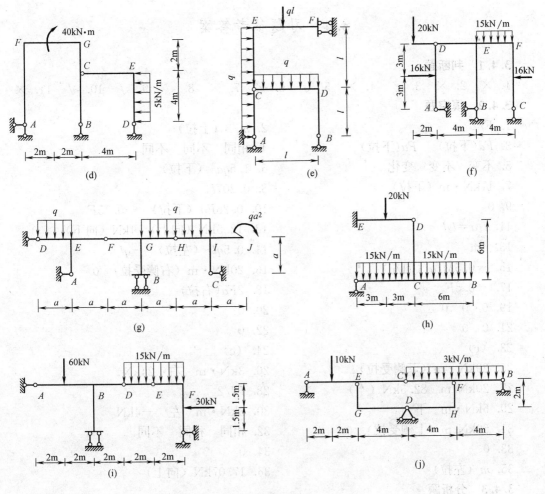

图 3-53（二）

5. 直接作如图 3-54 所示各结构的 M 图。

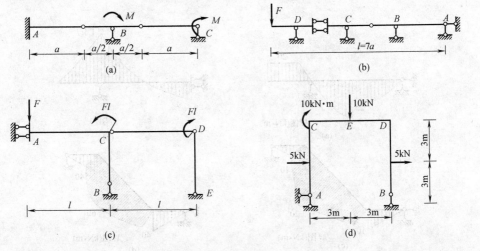

图 3-54

3.4 习题参考答案

3.4.1 判断题
1. × 2. × 3. × 4. × 5. √ 6. × 7. × 8. √ 9. √ 10. √ 11. ×

3.4.2 填空题
1. $F/2$
2. $m/2$（上拉）
3. Fa(下拉)　　Fa(下拉)
4. 相同　不同　不同
5. 不变　不变　变化
6. $1.5qa^2$（下拉）
7. 11kN·m（下拉）
8. $0.207l$
9. 0
10. $0.25Fa$（下拉）　$-0.75F$
11. $l_1 a = l_2 b$
12. 12.5kN（向上）　4kN（向下）
13. 4m
14. $0.5ql^2$（左拉）　$-ql$
15. $-0.5M/a$（向左）
16. 20kN·m（右侧受拉）　0
17. $-0.5F$
18. $2Fa$(右拉)
19. 0　0　0
20. 0
21. 0　0
22. 0
23. (c)
24. (c)
25. 29kN·m（下侧受拉）
26. 3kN·m　右　24kN
27. 20kN/m　82.5kN（↑）
28. $Fl/2$
29. 6kN·m　下
30. 8kN·m　左　-4kN
31. 60kN/m（上侧受拉）　0
32. 相同　相同　不同
33. 0
34. 0
35. m（左拉）
36. 17.07kN（向上）

3.4.3 分析题
(5)、(8)、(18) 是正确的，其余均是错误的。

3.4.4 计算题
1.

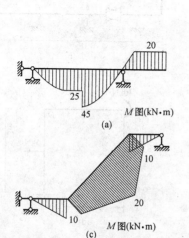

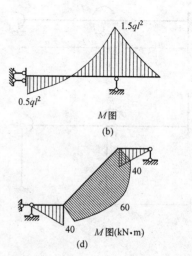

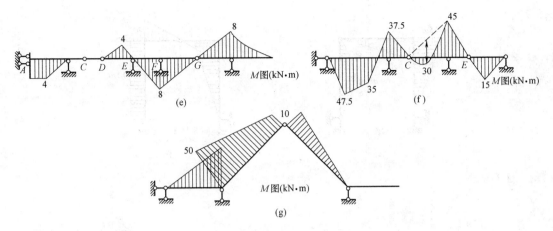

2.

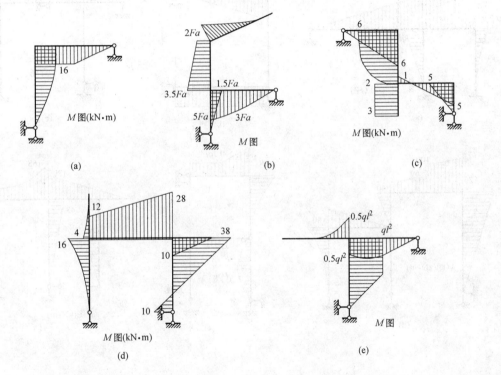

3.

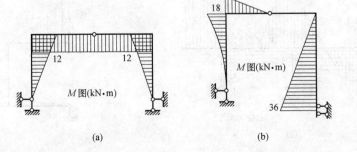

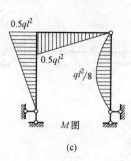
(c)

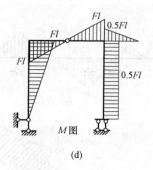
(d)

4.

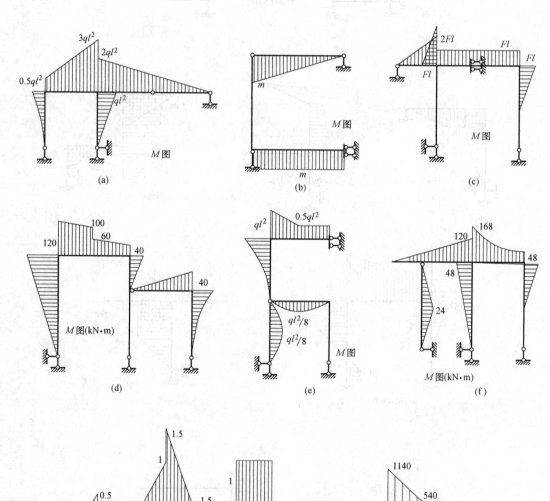

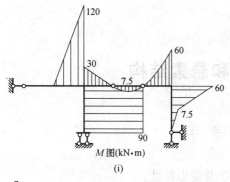

(i)

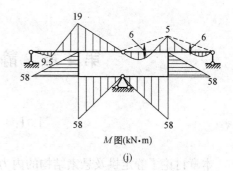

(j)

5.

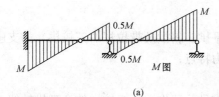

(a)

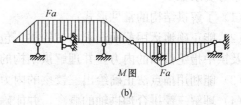

(b)

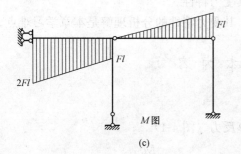

(c)

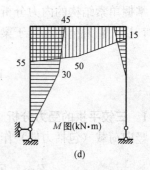

(d)

第4章 静定拱和悬索结构

4.1 学习要求

本章讨论了静定拱及悬索结构的内力分析方法及受力特性。
学习要求如下:
(1) 了解拱结构的常见形式;
(2) 能正确地运用截面法求出三铰拱(包括平拱、斜拱及带拉杆的三铰拱)的支座反力以及拱中指定截面的内力,并理解拱结构的受力特点;
(3) 能利用描点法正确绘出三铰拱的内力图;
(4) 理解三铰拱合理拱轴的概念,并能确定常见荷载作用下三铰拱的合理拱轴线;
(5) 掌握单索结构的内力分析方法以及其受力特性。
其中,拱、悬索结构相对于梁结构来说,其受力特性的分析理解是本章学习难点。

4.2 基本内容

4.2.1 三铰平拱的受力分析

(1) 竖向荷载(包括力偶)作用下的支座反力(图4-1)

$$F_{AV}=F_{AV}^0, \quad F_{BV}=F_{BV}^0, \quad F_H=\frac{M_C^0}{f}$$

式中 F_{AV}、F_{BV}——拱的竖向支座反力;

F_{AV}^0、F_{BV}^0——相应简支梁的竖向支座反力;

F_H——拱的水平推力;

M_C^0——相应简支梁上对应拱顶铰 C 截面上的弯矩值;

f——拱高。

(2) 竖向荷载(包括力偶)作用下任一 K 截面内力

$$M_K=M_K^0-F_H \cdot y_K$$
$$F_{SK}=F_{SK}^0\cos\varphi_K-F_H\sin\varphi_K$$
$$F_{NK}=-F_{SK}^0\sin\varphi_K-F_H\cos\varphi_K$$

式中 M_K^0、F_{SK}^0——相应简支梁上对应 K 截面的弯矩、剪力;

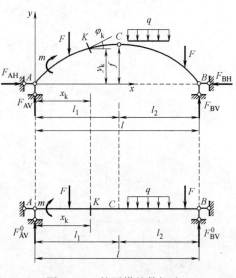

图 4-1 三铰平拱的数解法

φ_K——K 截面法线的倾角（如图 4-1 所示的坐标系中），在拱顶铰以左取正，以右取负。

φ_K 可根据其与拱轴方程 $y=f(x)$ 之间的关系式确定，即：

$$\cos\varphi_K = \sqrt{\frac{1}{1+(y')^2}}\bigg|_{x=x_K}, \quad \sin\varphi_K = y'\cos\varphi_K$$

(3) 受力特征总结

1) 支座反力与拱轴线形式无关，只与三个铰的位置有关。

2) 两个竖向支座反力与相应简支梁竖向支反力对应相等，这说明竖向支反力与拱高无关。

3) 水平推力 F_H 与相应简支梁拱顶对应截面上的弯矩成正比，而与拱高 f 成反比。因此，在设计中应根据实际情况适当选取高跨比，以满足结构受力和使用方面的要求。

4) 由于水平推力 F_H 的作用，拱截面上的弯矩比相应简支梁上对应截面的弯矩要小。

5) 在拱截面上产生了相应简支梁中所不存在的轴力，且为压力。因此拱截面上的应力分布比梁截面上的应力分布要均匀些，拱比梁要节省材料。

(4) 带拉杆的三铰平拱

以上公式均适用于带拉杆的三铰平拱（承受竖向荷载作用），拉杆拉力即为水平推力 F_H，其支座反力和内力和的计算公式不变。

一般荷载（含水平力）作用下，支座反力和内力不能套用上述公式，而应直接采用截面法求内力，此时两个支座的水平反力也不相同。

4.2.2 三铰斜拱的计算

三铰斜拱在竖向荷载作用下，可根据三个整体平衡条件，以及半拱对拱顶铰 C 的平衡条件 $\sum M_C = 0$，联立求解这四个平衡方程即可求出两个水平向支反力（F_{AH}、F_{BH}）和两个竖向支反力（F_{AV}、F_{BV}），如图 4-2（a）所示。

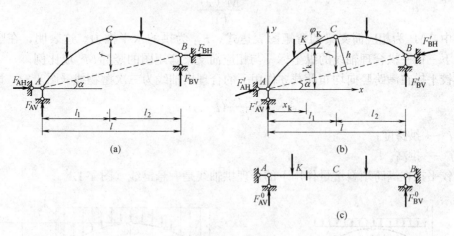

图 4-2 三铰斜拱的计算

有时为了避免求解联立方程组，也可先将斜拱支座反力分别沿竖直方向及拱趾连线方向分解为两个互相斜交的分力，即 F'_{AV}、F'_{AH} 和 F'_{BV}、F'_{BH}，如图 4-2（b）所示。如图 4-2（c）所示为与斜拱相应的简支梁，其竖向支座反力记为 F^0_{AV}、F^0_{BV}，则：

$$F'_{AV}=F^0_{AV}, F'_{BV}=F^0_{BV}, F'_{AH}=F'_{BH}=F'_H=\frac{M^0_C}{h}$$

式中，h 为斜拱中拱顶铰 C 至拱趾连线的垂直距离；M^0_C 为相应水平简支梁中相应 C 截面的弯矩值。这表明，三铰斜拱在竖向荷载作用下，若将两支座的反力沿竖向和起拱线方向分解为相互斜交的分力，其求解方法与三铰平拱在竖向荷载作用下支座反力的求解公式相同，只是求起拱线方向支反力分量时采用 h 值，而不是 f 值。

将图 4-2（b）中斜向支座反力（F'_{AH} 和 F'_{BH}）沿水平方向和竖直方向进行分解，从而可求出斜拱在竖直方向和水平方向的支座反力分别为：

$$F_H=F'_H\cos\alpha=\frac{M^0_C}{h}\cos\alpha=\frac{M^0_C}{f}$$

$$F_{AV}=F'_{AV}+F'_{AH}\sin\alpha=F^0_{AV}+\frac{M^0_C}{h}\sin\alpha=F^0_{AV}+F_H\tan\alpha$$

$$F_{BV}=F'_{BV}-F'_{BH}\sin\alpha=F^0_{BV}-\frac{M^0_C}{h}\sin\alpha=F^0_{BV}-F_H\tan\alpha$$

式中 α——起拱线与水平线之间的夹角；

f——拱顶铰 C 至拱趾连线的竖向距离。

求出所有支座反力后，根据截面法可求出三铰斜拱上任一截面内力如下：

$$M_K=M^0_K-F_Hy_K$$

$$F_{SK}=F^0_{SK}\cos\varphi_K-F_H\sin\varphi_K\left(1-\frac{\tan\alpha}{\tan\varphi_K}\right)$$

$$F_{NK}=-F^0_{SK}\sin\varphi_K-F_H\sin\varphi_K(1+\tan\alpha\tan\varphi_K)$$

4.2.3 三铰拱的合理轴线

将某种荷载作用下拱所有截面上弯矩为零时的拱轴线称为合理拱轴线。

对承受竖向荷载（包括力偶）作用的三铰平拱，合理拱轴方程可表示为：

$$y=\frac{M^0(x)}{F_H}$$

式中：M^0 为相应简支梁的弯矩图表达式；F_H 为拱的水平推力。这表明，在竖向荷载作用下三铰平拱合理轴线的纵坐标 y 与相应简支梁弯矩图的竖标 M^0 成比例。

三铰平拱在满跨竖向均布荷载 q 作用下的合理拱轴线为二次抛物线（图 4-3），即：

$$y=\frac{4f}{l^2}x(l-x)$$

式中 l——拱跨度；

f——拱高。

三铰平拱在满跨填料重量作用下的合理拱轴线是一悬链线（图 4-4）。

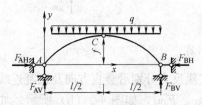

图 4-3 三铰平拱承受满跨均布荷载作用的合理拱轴线

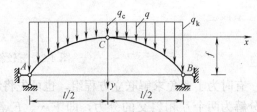

图 4-4 三铰平拱在满跨填料重量作用下的合理拱轴线

三铰平拱在垂直于拱轴的均布压力作用下的合理拱轴线是圆弧（图 4-5）。

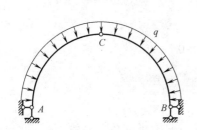

图 4-5 三铰平拱在垂直于拱轴的均布压力作用下的合理拱轴线

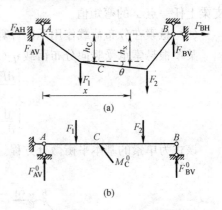

图 4-6 单索在竖向荷载下的内力分析

4.2.4 单索结构

(1) 平拉索在竖向集中荷载作用下的支反力（图 4-6a）

$$F_{AV}=F_{AV}^0, \quad F_{BV}=F_{BV}^0$$

$$F_{AH}=F_{BH}=F_H=\frac{M_C^0}{h_C}$$

式中，F_{AV}^0、F_{BV}^0 为相应简支梁的竖向支反力；M_C^0 为相应简支梁中截面 C 的弯矩值；h_C 为索上某点 C 的垂度（索弦与索间的垂直距离）。

(2) 索的平衡几何形状

索的平衡几何形状与荷载有关。可由索上任一 x 截面处弯矩为零的条件得：

$$h_x=\frac{M_x^0}{F_H}=h_C\frac{M_x^0}{M_C^0}$$

式中，M_x^0 为相应简支梁中任一 x 截面处的弯矩。这表明，索受力后的几何形状与对应简支梁的弯矩图形状相似，比如在竖向集中荷载作用下，悬索轴线为折线图形；在竖向均布荷载（如自重）作用下，索轴线为抛物线。

(3) 索的拉力

索上的力可根据索沿轴线任一方向拉力的水平分量是恒定不变的结论中得到，即：

$$T=\frac{F_H}{\cos\theta}=F_H\sqrt{1+(y')^2}$$

这就是悬索拉力与水平支反力及悬索形状之间的关系。最大拉力 T 发生在倾角最大的悬索段上，通常出现在锚固端。

由于悬索结构的受力性能与对应倒置的合理拱轴的受力性质完全一致，因此平拉索的支反力及内力计算公式，也可以由三铰平拱相关计算公式移植过来。

(4) 广义索定理（图 4-7）

承受竖向荷载作用的索上任一点，其垂度和索拉力水平分量的乘积等于相应简支梁在相应荷载作用下这一截面的弯矩值，即：

$$F_H \cdot h_x = M_x^0$$

式中：h_x 为任一点的垂度；F_H 为索拉力的水平分量，即水平支反力；M_x^0 为相应简支梁上任一点 x 的弯矩值。

(5) 悬索在分布荷载作用下的计算

某单根悬索承受竖向分布荷载 $q_z(x)$ 和水平向分布荷载 $q_x(x)$ 作用（图 4-8），则有：

$$\begin{cases} \dfrac{dF_H}{dx} + q_x = 0 \\ \dfrac{d}{dx}\left(F_H \dfrac{dz}{dx}\right) + q_z = 0 \end{cases}$$

该式为单索的基本平衡微分方程。

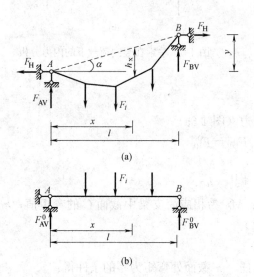

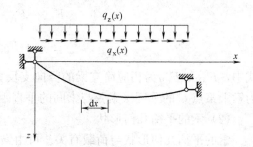

图 4-7 广义索定理　　　　　图 4-8 悬索在分布荷载作用下的计算

若悬索只承受竖向分布荷载 $q_z(x)$ 作用，由上式可得：

$$\begin{cases} F_H = 常数 \\ \dfrac{d^2 z}{dx^2} = -\dfrac{q_z(x)}{F_H} \end{cases}$$

这表明，索在竖向分布荷载下，索中水平张力为定值；索曲线在某点的二阶导数（当索较平坦时即为其曲率）与作用在该点的竖向荷载集度成正比。应当注意，上面提到的荷载 $q_z(x)$、$q_x(x)$ 是沿跨度单位长度上的荷载，且指向与坐标轴一致时为正。

4.3 本章习题

4.3.1 判断题

1. 若有一竖向荷载作用下的等截面三铰拱所选择的截面尺寸正好满足抗弯强度要求，则改用相应简支梁结构形式（材料、截面尺寸、外因、跨度均相同）时也一定满足设计要求。　　　　　　　　　　　　　　　　　　　　　　　　　　　　　（　）

2. 三铰平拱的水平推力不仅与三铰的位置有关，还与拱轴线的形状有关。（　）

3. 带拉杆三铰平拱中，拉杆的拉力等于无拉杆三铰平拱的水平推力。（　　）
4. 如图 4-9 所示抛物线三铰拱，如果矢高增大一倍，则水平推力减小一半，弯矩不变。（　　）

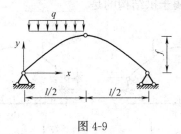

图 4-9

5. 如图 4-10 所示两个三铰拱的支座反力相同。（　　）

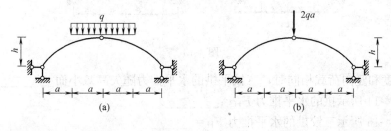

图 4-10

6. 如图 4-11 所示两个抛物线三铰拱的受力完全一样。（　　）

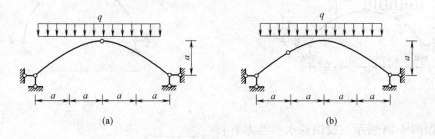

图 4-11

7. 如图 4-12 所示三个结构的支座反力相同，但内力不同。（　　）

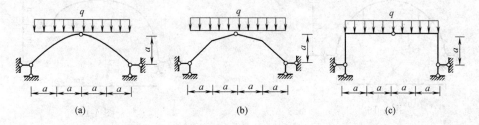

图 4-12

8. 拱的合理轴线是指在任意荷载作用下，拱任一截面弯矩为零。（　　）

9. 三铰拱水平支座反力是由整体平衡条件确定的。（   ）

10. 在竖向均布荷载作用下，三铰拱的合理轴线为二次抛物线。（   ）

4.3.2 填空题

1. 如图 4-13 所示结构中属于拱结构的是_____。

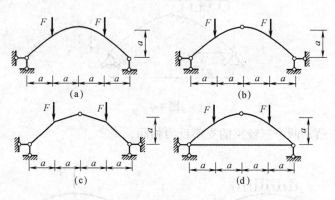

图 4-13

2. 当跨度和竖向荷载相同时，三铰平拱的水平推力随矢高减小而_____。

3. 如图 4-14 所示拱的水平推力 F_H =_____。

4. 如图 4-15 所示三铰拱的水平推力 F_H =_____。

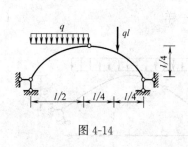

图 4-14

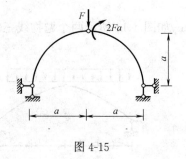

图 4-15

5. 如图 4-16 所示三铰拱的水平推力 F_H =_____。

6. 如图 4-17 所示三铰拱的水平推力 F_H =_____。

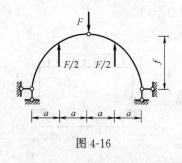

图 4-16

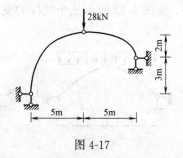

图 4-17

7. 如图 4-18 所示三铰拱的水平推力 $F_H=ql/2$，则该三铰拱的高跨比 f/l =_____。

8. 如图 4-19 所示拱中截面 K 的弯矩值 M_K =_____。

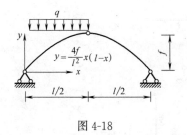
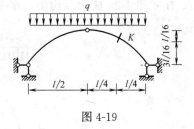

图 4-18 　　　　　　　　　图 4-19

9. 如图 4-20 所示抛物线三铰拱，外力偶 $M=80\text{kN}\cdot\text{m}$，则 D 截面处弯矩 $M_D^L=$ _____，$M_D^R=$ _____。

10. 如图 4-21 所示三铰拱，在其水平推力计算公式 $F_H=\dfrac{M_c^0}{f}$ 中，f 取 _____。

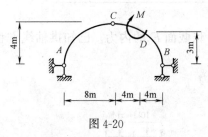
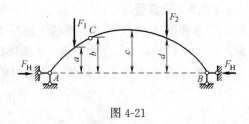

图 4-20 　　　　　　　　　图 4-21

11. 如图 4-22 所示三铰拱，在其水平推力计算公式 $F_H=\dfrac{M_c^0}{f}$ 中，f 取 _____。

12. 在如图 4-23 所示结构中，链杆 1 的轴力 $F_{N1}=$ _____。

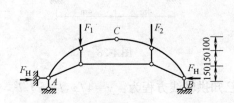
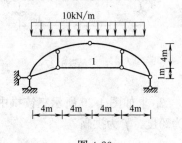

图 4-22（单位：cm） 　　　　　图 4-23

13. 如图 4-24 所示带拉杆三铰拱中，拉杆 1 的轴力 $F_{N1}=$ _____。

14. 在径向均布荷载作用下，三铰拱的合理轴线为 _____。

15. 在如图 4-25 所示拱中，杆 AB 的轴力 $F_{NAB}=$ _____。

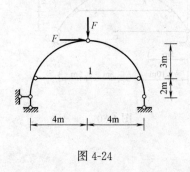
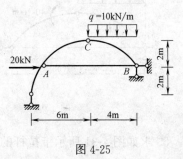

图 4-24 　　　　　　　　　图 4-25

16. 在如图 4-26 所示结构中，水平推力 $F_H=$ _____。

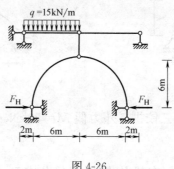

图 4-26

17. 区别拱和梁的主要标志是 _____。

4.3.3 计算题

1. 求如图 4-27 所示三铰拱的支座反力及截面 D 和截面 E 的内力。已知拱轴线方程为：$y=4fx(l-x)/l^2$，l 为跨度，f 为拱高。

2. 求如图 4-28 所示半圆弧三铰拱中截面 K 的内力。

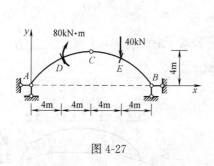

图 4-27

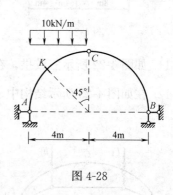

图 4-28

3. 求如图 4-29 所示三铰拱中截面 K 的内力。已知拱轴线方程为：$y=4fx(l-x)/l^2$，l 为跨度，f 为拱高。

4. 如图 4-30 所示抛物线三铰拱，拱轴线方程为 $y=\dfrac{2}{25}x(20-x)$，求截面 K 的内力。

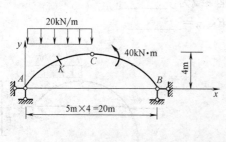

图 4-29

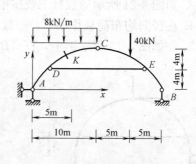

图 4-30

5. 求如图 4-31 所示带拉杆的半圆拱中截面 K 的内力。

6. 求如图 4-32 所示三铰拱式屋架在竖向荷载作用下的支座反力和内力。

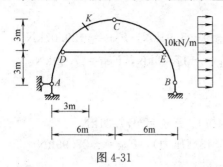

图 4-31

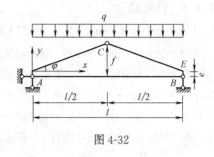

图 4-32

7. 求如图 4-33 所示三铰斜拱中截面 D 的内力。设拱轴线为二次抛物线，C 为拱顶铰。

8. 求如图 4-34 所示结构中拱轴截面 K 的弯矩。

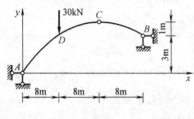

图 4-33

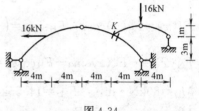

图 4-34

9. 确定如图 4-35 所示三铰拱的合理拱轴线，已知跨度为 l，矢高为 f。

10. 确定如图 4-36 所示三铰斜拱的合理拱轴线。

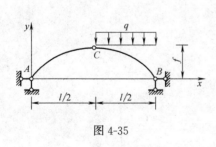

图 4-35

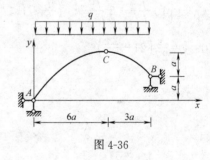

图 4-36

4.4 习题参考答案

4.4.1 判断题
1. × 2. × 3. √ 4. √ 5. × 6. √ 7. √ 8. × 9. × 10. √

4.4.2 填空题
1. (b)、(c)、(d)
2. 增大
3. $0.75ql(\rightarrow\leftarrow)$
4. $0.5F(\rightarrow\leftarrow)$
5. $0.5Fa/f(\rightarrow\leftarrow)$
6. 20kN
7. 1/8
8. 0
9. -30kN·m 50kN·m
10. b
11. 250cm
12. 80kN（拉力）
13. $1.5F$
14. 圆弧线
15. 4kN

16. 30kN   17. 在竖向荷载作用下是否产生水平推力

4.4.3 计算题

1. $M_D^L = -70\text{kN}\cdot\text{m}$, $M_D^R = 10\text{kN}\cdot\text{m}$, $F_{SD} = -8.94\text{kN}$, $F_{ND} = -29.07\text{kN}$
   $M_E = 50\text{kN}\cdot\text{m}$, $F_{NE} = -42.49\text{kN}$, $F_{SE}^R = -17.89\text{kN}$, $F_{SE}^L = 17.89\text{kN}$

2. $M_K = 0$, $F_{NK} = 20\text{kN}$, $F_{SK} = 5.858\text{kN}$

3. $M_K = 120\text{kN}\cdot\text{m}$, $F_{SK} = 0$, $F_{NK} = -140.01\text{kN}$

4. $F_{SK} = -23.43\text{kN}$, $M_K = 100\text{kN}\cdot\text{m}$（内拉）, $F_{NK} = -77.31\text{kN}$

5. $M_K = 69.12\text{kN}\cdot\text{m}$（内拉）, $F_{NK} = -18.48$（压力）, $F_{SK} = -27.99\text{kN}$

6. $F_{NAB} = \dfrac{ql^2}{8f}$（拉力）$= F_H$

   当 $0 \leqslant x \leqslant l/2$ 时：

   $M(x) = M^0(x) - F_H(y+e) = \dfrac{1}{2}qlx - \dfrac{1}{2}qx^2 - F_H(y+e)$

   $F_S(x) = F_S^0(x)\cos\varphi - F_H\sin\varphi = \left(\dfrac{1}{2}ql - qx\right)\cos\varphi - F_H\sin\alpha$

   $F_N(x) = -F_S^0(x)\sin\alpha - F_H\cos\varphi = -\left(\dfrac{1}{2}ql - qx\right)\sin\alpha - F_H\cos\varphi$

7. $M_D = 80\text{kN}\cdot\text{m}$, $F_{SD} = 14.55\text{kN}$, $F_{ND} = -44.87\text{kN}$

8. $M_K^L = 6\text{kN}\cdot\text{m}$（内拉）, $M_K^R = 70\text{kN}\cdot\text{m}$（内拉）

9. $y = \begin{cases} \dfrac{2f}{l}x & \left(0 \leqslant x < \dfrac{l}{2}\right) \\ 10\dfrac{f}{l}x - 8\dfrac{f}{l^2}x^2 & \left(\dfrac{l}{2} \leqslant x < l\right) \end{cases}$

10. $y = \dfrac{x}{27}\left(21 - \dfrac{2x}{a}\right)$

第5章 静定桁架和组合结构

5.1 学习要求

本章讨论了静定桁架结构内力分析方法（包括结点法、截面法、联合法）以及静定组合结构内力分析方法。

学习要求如下：
(1) 掌握平面桁架的几何组成方式；
(2) 能灵活地运用结点平衡的特殊情况，判断桁架结构中的零杆，以及某些等力杆的轴力；
(3) 会熟练运用结点法、截面法计算桁架结构中杆件轴力，并掌握联合运用结点法和截面法求解桁架的内力；
(4) 掌握组合结构的概念以及组合结构中梁式杆件和链杆的判断；
(5) 掌握组合结构的内力求解方法；
(6) 熟悉静定结构的一般性质。

其中，联合法求解桁架的内力以及组合结构求解的次序问题是本章学习难点。

5.2 基本内容

5.2.1 桁架按几何组成特征分类

(1) 简单桁架：由基础或一个基本铰接三角形依次增加二元体形成；
(2) 联合桁架：由几个简单桁架按几何不变体系的几何组成规则形成；
(3) 复杂桁架：不是按简单桁架或联合桁架几何组成方式形成。

5.2.2 桁架计算的结点法

(1) 取隔离体

截取桁架结点为隔离体，作用于结点上的各力（包括外荷载、反力和杆件轴力）组成平面汇交力系，存在两个独立的平衡方程，可解出两个未知杆轴力。采用结点法计算桁架结构时，一般从内力未知的杆不超过两个的结点开始依次计算。

计算时，要注意斜杆轴力与其投影分力之间的关系（图5-1）

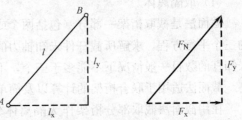

$$\frac{F_N}{l} = \frac{F_x}{l_x} = \frac{F_y}{l_y}$$

图5-1 链杆轴力及其投影分力之间的关系

式中，l为杆件长度；l_x和l_y分别为杆件在水平和竖直方向的投影长度；F_N为杆件轴力；

F_x 和 F_y 分别为杆件轴力在水平和竖直方向的投影分量，如图 5-1 所示。

结点法一般适用于求简单桁架中所有杆件轴力。

(2) 特殊杆件（如零杆、等力杆等）的判断

1）L 形结点（图 5-2a）

呈 L 形汇交的两杆结点没有外荷载作用时两杆均为零杆。

2）T 形结点（图 5-2b）

呈 T 形汇交的三杆结点没有外荷载作用时，不共线的第三杆必为零杆，而共线的两杆内力相等且正负号相同（同为拉力或同为压力）。

3）X 形结点（图 5-2c）

呈 X 形汇交的四杆结点没有外荷载作用时，彼此共线的杆件轴力两两相等且符号相同。

4）K 形结点（图 5-2d）

呈 K 形汇交的四杆结点，其中两杆共线，而另外两杆在共线杆同侧且夹角相等。若结点上没有外荷载作用时，则不共线杆件的轴力大小相等但符号相反（即一杆为拉力另一杆为压力）。

5）Y 形结点（图 5-2e）

呈 Y 形汇交的三杆结点，其中两杆分别在第三杆的两侧且夹角相等。若结点上没有与第三杆轴线方向倾斜的外荷载作用，则该两杆内力大小相等且符号相同。

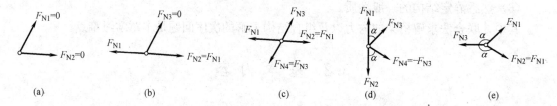

图 5-2 结点平衡的特殊情况

6）对称桁架在正对称荷载下，应具有正对称的内力分布，即在桁架的对称轴两侧的对称位置上的杆件，应有大小相等、性质相同（同为拉杆或压杆）的轴力；在反对称荷载下，桁架应具有反对称的内力分布，即在桁架对称轴两侧的对称位置上的杆件，应有大小相等、性质相反（一拉杆一压杆）的轴力。

5.2.3 桁架计算的截面法

(1) 取隔离体

截面法是截取桁架一部分（包括两个或两个以上结点）为隔离体，利用平面一般力系的三个平衡方程，求解所截杆件未知轴力的方法。用截面法对桁架结构进行分析时，截到未知杆的数目一般情况下不能多于三个，不互相平行也不交于一点。

截面法适用于联合桁架的计算以及简单桁架结构中计算少数杆件内力的问题。

在用截面法截取部分桁架作为隔离体分析时，平衡方程的形式可以根据需要进行选取。按照所选平衡方程的不同，截面法又可分为力矩法和投影法两类。

(2) 力矩法

力矩法是尽量选多个未知力的交点作为矩心，采用力矩平衡条件求解未知杆的轴力。

比如通常情况下截面截到三个未知杆，若以三个未知力中的两个杆内力作用线的交点为矩心，根据力矩的平衡条件，可直接求出第三个未知杆轴力。

尤其要注意，列力矩平衡方程当遇到力臂不易确定时，根据力的可传性原理，可将该力沿其作用线滑移到其他位置并进行分解，这样处理并不影响隔离体的平衡。

（3）投影法

投影法是利用力的投影平衡条件求解未知杆的轴力，投影轴尽量垂直于多个未知力的作用线方向。若三个未知力中有两个力的作用线互相平行，将所有作用力都投影到与此平行线垂直的方向上，并写出力的投影平衡方程，从而直接求出另一未知内力。投影法常用来计算平行弦桁架中腹杆的内力。

（4）联合桁架的求解

在联合桁架的内力求解中，通常根据联合桁架的组成形式（将两个或三个简单桁架由铰或联合杆件连接形成的），先运用截面法求出简单桁架间铰或连接杆件的内力，然后再采用适当的方法分别计算简单桁架中各杆的内力。

（5）截面法中的两种特殊情况

所作截面虽截断三根以上的未知杆件，但只要在被截到的杆件中，除某一杆外，其余各杆均交于一点，则取该交点为矩心，列力矩平衡式便可求解该杆内力；或者除某一杆外，其余各杆均相互平行，则可以选取与平行杆垂直的方向为投影轴，建立力的投影平衡式，便可求解该杆内力。

5.2.4 静定桁架结构计算方法总结

一般情况下，对桁架进行内力分析之前，应先对其进行几何组成分析，判定其类型，再选取相应的方法。

比如，求简单桁架中所有杆的内力，宜选用结点法；求简单桁架中指定杆的内力，宜选用截面法。求联合桁架中所有杆的内力，一般先用截面法截开几个简单桁架的连接处，从而先求出简单桁架间的连接力（连接铰的相互作用力或联系杆的轴力）；再根据结点法或截面法对简单桁架进行内力分析。另外，求某指定杆内力，若截断未知杆的任一隔离体中未知力数目多于3，且不属于特殊情况，可以先求出其中一些易求的杆件内力，据此再求解指定杆的内力。

在各种桁架的计算中，若只需求解某几根指定杆件的内力，而单独应用结点法或截面法不能一次求出结果时，则可联合应用结点法和截面法，如K形腹杆桁架。

5.2.5 组合结构

组合结构由梁式杆和链杆组成。

（1）梁式杆和链杆的判别

链杆为直杆，两端完全铰接，且无横向荷载和力偶作用，如图5-3（a）所示。折杆（图5-3b），或横向荷载作用的直杆（图5-3c），或带有不完全铰的两端铰接的杆件（图5-3d），均为梁式杆。

链杆只有轴力，梁式杆截面上有弯矩、剪力和轴力。

（2）静定组合结构的内力分析方法

一般情况下，宜先采用截面法和结点法求出链杆轴力，再取梁式杆作为隔离体分析，并作其内力图。当梁式杆的弯矩图很容易先行绘出时，则不必拘泥于上述分析方法。

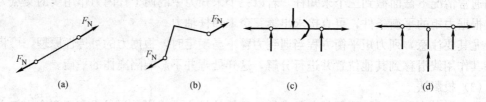

图 5-3 链杆和梁式杆的判别

5.3 本章习题

5.3.1 判断题

1. 桁架结构中零杆不受力,所以它是桁架中不需要的杆,可以撤除。　　　　（　）
2. 组合结构中,链杆的内力是轴力,梁式杆的内力只有弯矩和剪力。　　　　（　）
3. 如图 5-4 所示对称桁架结构中,$F_{N1}=F_{N2}=F_{N3}=0$。　　　　（　）
4. 如图 5-5 所示桁架中所有斜杆都是拉杆。　　　　（　）

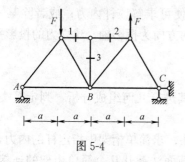

图 5-4

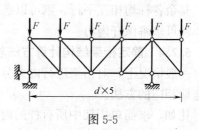

图 5-5

5. 如图 5-6 所示对称桁架中,杆 1 至杆 8 的轴力均为零。　　　　（　）
6. 如图 5-7 所示桁架中只有杆 2 受力。　　　　（　）

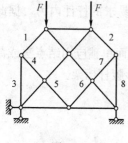

图 5-6

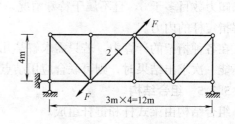

图 5-7

7. 在如图 5-8 所示两结构中,仅杆 AB、杆 BC 和杆 CA 受力不同。　　　　（　）
8. 如图 5-9 所示平行弦桁架,为了降低弦杆的最大轴力,可采取增大 h 的措施。

（　）

9. 若改变如图 5-10（a）所示平行弦桁架中的斜杆方向,如图 5-10（b）所示,则斜杆内力大小不变,但符号改变。　　　　（　）

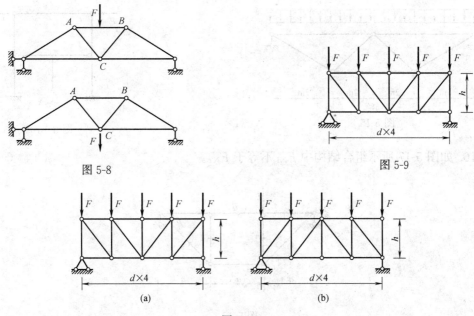

图 5-8　　　　　　　　　图 5-9

图 5-10

10. 如图 5-11 所示桁架中，杆 AB 的轴力与荷载 F_4 无关。　　　　　　　　　（　）

11. 如图 5-12 所示桁架中，当仅增大桁架高度而其他条件不变时，对杆 1 和杆 2 的内力均没影响。　　　　　　　　　　　　　　　　　　　　　　　　　　　　　（　）

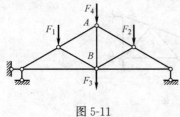
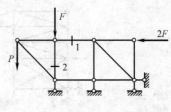

图 5-11　　　　　　　　　图 5-12

12. 如图 5-13 所示结构中只有当 $F_{N1} = -F_{N2}$ 时，才能满足结点 C 的平衡条件 $\sum F_y = 0$。　　　　　　　　　　　　　　　　　　　　　　　　　　　　　　　（　）

13. 如图 5-14 所示结构中只有水平梁受力。　　　　　　　　　　　　　　　（　）

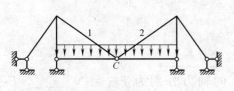
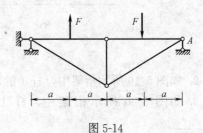

图 5-13　　　　　　　　　图 5-14

14. 如图 5-15 所示结构中只有水平梁受力。　　　　　　　　　　　　　　　（　）

15. 如图 5-16 所示对称组合结构中，只有两边柱受力。　　　　　　　　　　（　）

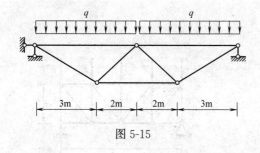

图 5-15

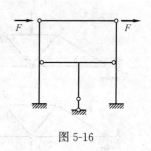

图 5-16

16. 如图 5-17 所示组合结构中 F_{N1} 不等于 F_{N2}。   (   )

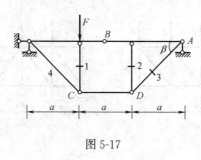

图 5-17

5.3.2 填空题

1. 如图 5-18 所示各桁架结构中，零杆根数分别为＿＿＿＿、＿＿＿＿、＿＿＿＿、＿＿＿＿。

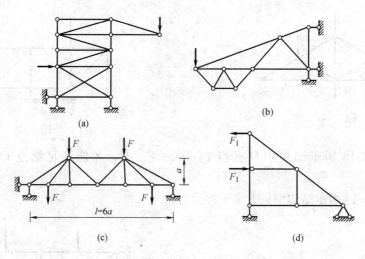

图 5-18

2. 如图 5-19 所示桁架中，杆 1 的轴力 F_{N1} = ＿＿＿＿。

3. 如图 5-20 所示桁架中，杆 1 和杆 2 的轴力分别为 F_{N1} = ＿＿＿＿、F_{N2} = ＿＿＿＿。

4. 如图 5-21 所示对称桁架结构中，有＿＿＿＿根零杆（不包含支座链杆），杆 1 的轴力 F_{N1} = ＿＿＿＿。

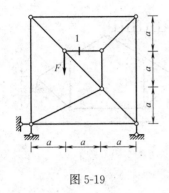

图 5-19

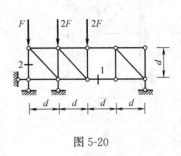

图 5-20

5. 在如图 5-22 所示桁架中，杆 DE 轴力 $F_{NDE}=$ _____。

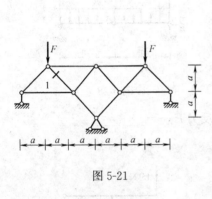

图 5-21

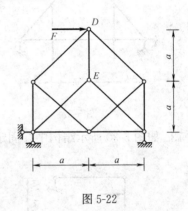

图 5-22

6. 如图 5-23 所示桁架中，杆 AB、AC 的轴力分别为 $F_{NAB}=$ _____、$F_{NAC}=$ _____。

7. 如图 5-24 所示抛物线桁架的节间剪力由 _____ 承担。

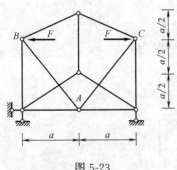

图 5-23

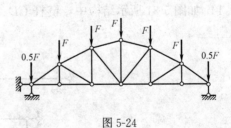

图 5-24

8. 如图 5-25 所示结构中，杆 AB 上截面 C 处弯矩 $M_C=$ _____。

9. 如图 5-26 所示结构，杆 1 的轴力 $F_{N1}=$ _____。

10. 如图 5-27 所示结构中，杆 AB 的轴力 $F_{NAB}=$ _____。

11. 如图 5-28 所示结构中，链杆 1 的轴力 $F_{N1}=$ _____。

12. 如图 5-29 所示结构中，杆 AB 的杆端剪力 $F_{SAB}=$ _____。

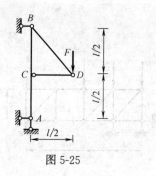

图 5-25

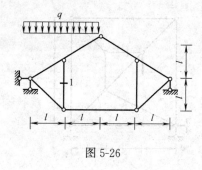

图 5-26

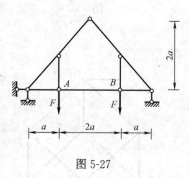

图 5-27

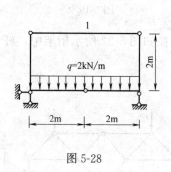

图 5-28

13. 如图 5-30 所示结构中，固定支座 A 的竖向反力 $F_{AV}=$ _____。

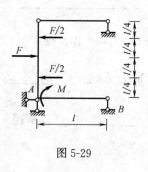

图 5-29

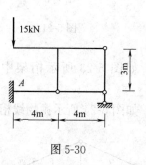

图 5-30

14. 如图 5-31 所示结构中，链杆 CD、EF 的轴力分别为 $F_{NCD}=$ _____、$F_{NEF}=$ _____。

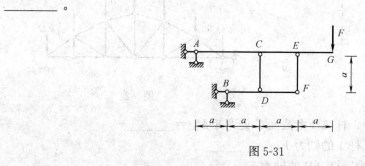

图 5-31

15. 如图 5-32 所示结构的弯矩图形状正确的是 _____。
16. 如图 5-33 所示结构中，$M=8$kN·m，链杆 BC 的轴力 $F_{NBC}=$ _____。
17. 如图 5-34 所示结构中，链杆 1 的轴力 $F_{N1}=$ _____。

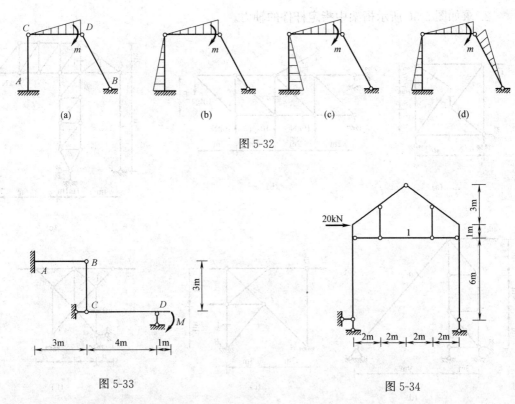

图 5-32

图 5-33

图 5-34

5.3.3 计算题

1. 求如图 5-35 所示各桁架中所有杆件的轴力。

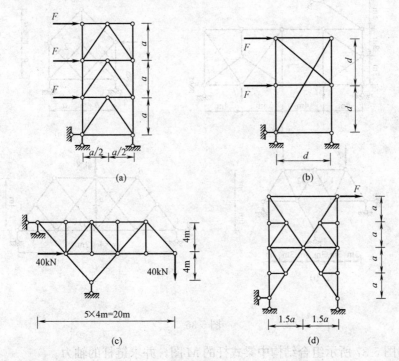

图 5-35

2. 求如图 5-36 所示桁架中指定杆件的轴力。

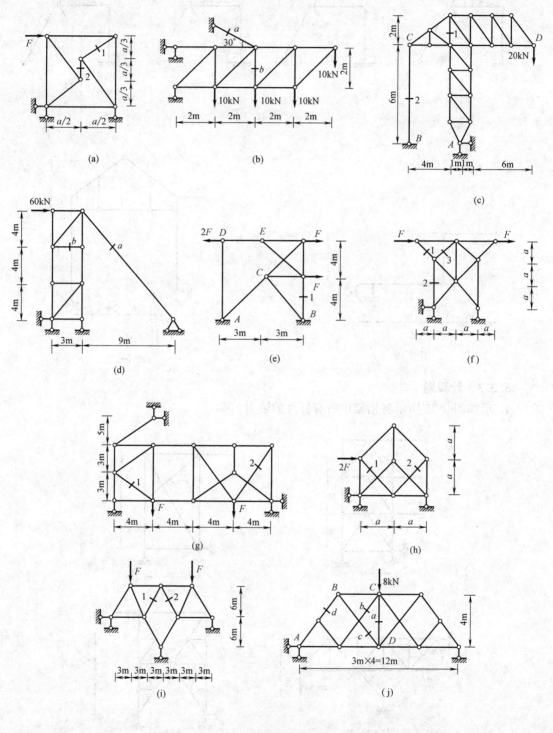

图 5-36

3. 作如图 5-37 所示组合结构中梁式杆的 M 图，并求链杆的轴力。

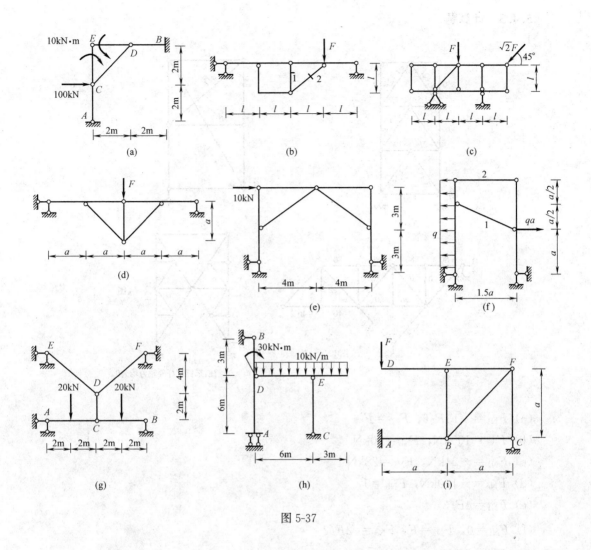

图 5-37

5.4 习题参考答案

5.4.1 判断题
1. × 2. × 3. √ 4. √ 5. √ 6. √ 7. √ 8. √ 9. √ 10. √ 11. × 12. ×
13. √ 14. × 15. √ 16. ×

5.4.2 填空题

1. 6 7 4 2
2. F（拉力）
3. 0 F（拉力）
4. 6 $\sqrt{2}F$（压力）
5. 0
6. 0 0
7. 斜杆和上弦杆
8. $Fl/4$（左侧受拉）
9. $ql/2$（压力）
10. $0.5F$（拉力）
11. 2kN（压力）
12. $-M/l$
13. 30kN（↑）
14. $8F$（压力） $4F$（拉力）
15. (c)
16. 2kN（压力）
17. 17.5kN（拉力）

5.4.3 计算题

1.

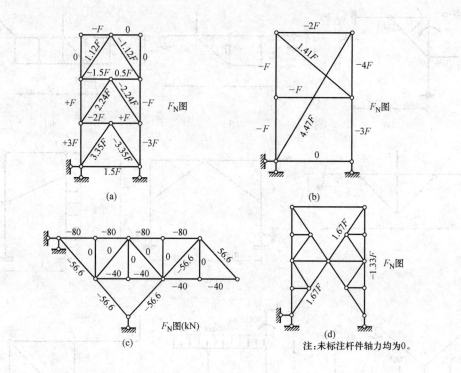

2.

(a) $F_{N1}=\sqrt{13}F/6$, $F_{N2}=F$

(b) $F_{Na}=100$kN, $F_{Nb}=30$kN

(c) $F_{N1}=-24$kN, $F_{N2}=28$kN

(d) $F_{Na}=-100$kN, $F_{Nb}=0$

(e) $F_{N1}=4F/3$

(f) $F_{N1}=0$, $F_{N2}=F$, $F_{N3}=\sqrt{2}F/2$

(g) $F_{N1}=5F/6$, $F_{N2}=\sqrt{13}F/3$

(h) $F_{N1}=-\sqrt{2}F$, $F_{N2}=\sqrt{2}F$

(i) $F_{N1}=F_{N2}=0$

(j) $F_{Na}=-8$kN, $F_{Nb}=0$, $F_{Nc}=5$kN, $F_{Nd}=-5$kN

3.

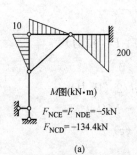
(a)

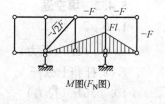
(b)   (c)

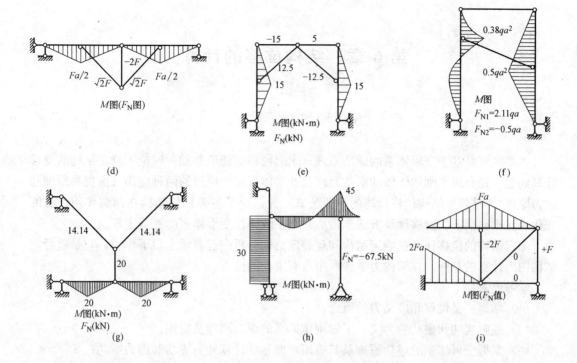

第6章 结构位移的计算

6.1 学习要求

本章主要是基于变形体系的虚功原理（求解位移的理论基础）讨论了静定结构的位移计算问题。先介绍了刚体体系的虚功原理及变形体系虚功原理的两种应用（虚位移原理和虚力原理），推导了结构位移计算的一般公式，并讨论了各类杆件结构在荷载作用、温度变化及支座移动下的位移计算方法。最后介绍了线弹性变形体系的互等定理。

静定结构的位移计算在静定结构和超静定结构分析中起着承上启下作用，它是超静定结构内力计算的基础，在结构力学课程中占有重要的位置。

学习要求如下：
(1) 掌握广义位移和广义力的概念；
(2) 理解实功和虚功的含义，了解刚体体系的虚功原理及应用；
(3) 掌握变形体系的虚功原理及其应用，能熟练计算外力虚功和内力虚功；
(4) 掌握结构位移计算的基本方法——单位荷载法，针对不同的广义位移计算能施加相应的广义单位荷载；
(5) 能熟练地运用单位荷载法来计算各类静定结构在荷载作用下的位移；
(6) 掌握图乘法及其应用条件，并能熟练地运用图乘法计算结构的位移；
(7) 能运用单位荷载法来计算静定结构由支座移动引起的位移；
(8) 能运用单位荷载法来计算静定结构由温度改变引起的位移；
(9) 掌握线弹性体系的四个互等定理及其应用情况。

其中，虚功原理的理解以及图乘法中弯矩图的分解叠加问题是学习难点。

6.2 基本内容

6.2.1 结构位移

结构位移是指由于结构变形或其他原因，使结构上某点位置或某截面方位的改变。变形是指结构受外因作用，原有的尺寸和形状发生了改变。结构产生了位移，但不一定涉及变形；但结构产生了变形，一定会发生位移。

位移按性质可分为线位移和角位移。线位移是指结构上某点（或某截面）的移动，角位移是指杆件横截面产生的转动。位移按相对坐标系，又可分为绝对位移和相对位移。

位移的分类见表 6-1。

引起结构产生位移的原因有：荷载作用、温度改变、支座移动及杆件几何尺寸制造误差等，这些因素对静定结构内力、位移和变形的影响情况如图 6-1 所示。

位移的分类 表 6-1

绝对位移			相对位移		
点(截面)	截面	杆件	两点(两截面)	两截面	两杆件
线位移	角位移	角位移	相对线位移	相对角位移	相对角位移

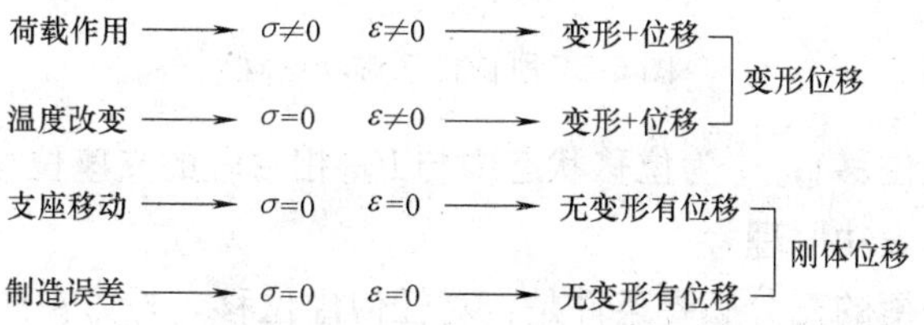

```
荷载作用 ——→ σ≠0   ε≠0 ——→ 变形+位移 ⎫
                                      ⎬ 变形位移
温度改变 ——→ σ=0   ε≠0 ——→ 变形+位移 ⎭
支座移动 ——→ σ=0   ε=0 ——→ 无变形有位移 ⎫
                                          ⎬ 刚体位移
制造误差 ——→ σ=0   ε=0 ——→ 无变形有位移 ⎭
```

图 6-1　各因素对静定结构内力、位移和变形的影响

(图中 σ 为应力，ε 为应变)

6.2.2 虚功原理

(1) 实功与虚功

实功是指做功的力与相应的位移相关，即相应的位移是由做功的力引起的。

虚功是指做功的力与相应的位移彼此独立，它们之间没有因果关系，即做功的力在由其他外因引起的位移上做功。

在虚功中，可以将做功的力和相应位移分别看成是属于同一体系的两种彼此无关的状态，其中力所属状态称为力状态，位移所属状态称为位移状态。通常虚功有两种情况：一种情况是在力状态与位移状态中，有一个是虚设的，所做的功是虚功；另一种情况是力状态与位移状态均是实际存在的，但彼此无关，所做的功也为虚功。

在虚功中，做功的力可以是广义力，那么位移状态中相应的位移也应该为相应的广义位移，见表 6-2。而且，位移状态并不限于是由荷载引起，也可以由其他原因如温度变化或支座移动等引起的，甚至可以是假想的。

做功的力和相应位移的对应关系 表 6-2

做功的力(广义力)	相应的位移(广义位移)
一个集中力	力作用点沿作用线方向的线位移
一个集中力偶	沿力偶作用方向的角位移
一对广义集中力	沿这个广义力作用线方向的相对线位移
一对集中力偶	沿这一对力偶作用方向的相对角位移

(2) 刚体体系的虚功原理

对于具有理想约束的刚体体系，如果力状态中的力系满足平衡条件，位移状态中的刚体位移满足变形协调条件，则力状态中所有外力对位移状态中对应的位移所做虚功总和为零。即：刚体体系处于平衡的必要和充分条件是，对于任何虚位移，所有外力所作虚功总和为零。

刚体体系虚功方程式（图 6-2）可写成：

$$W = \sum F_i \cdot \Delta_i + \sum F_{Ri} \cdot c_i = 0$$

式中：F_i、F_{Ri} 分别为力状态中外荷载、支座反力（广义力）；Δ_i 为位移状态中与 F_i

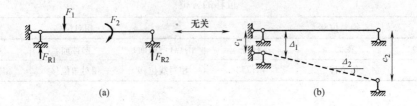

图 6-2 刚体体系虚功原理

相对应的位移（广义位移）；c_i 为位移状态中与 F_{Ri} 相对应的支座位移（广义位移）。

(3) 变形体系的虚功原理

变形体系处于平衡的充分必要条件是：对任何虚位移，外力在此虚位移上所做虚功总和等于各微段上内力在微段虚变形上所做虚功总和，即外力虚功等于变形虚功。

内力虚功 W_i 可表示如下：

$$W_i = \sum\int M d\varphi + \sum\int F_s d\eta + \sum\int F_N du = \sum\int M\kappa ds + \sum\int F_s \gamma ds + \sum\int F_N \varepsilon ds$$

式中：$du=\varepsilon ds$ 为微段 ds 相对轴向变形；$d\eta=\gamma ds$ 为微段 ds 相对剪切变形；$d\varphi=\kappa ds$ 为微段 ds 相对转角 $d\varphi$；ε 为轴向伸长或压缩应变；γ 为平均剪切应变；κ 为轴线处弯曲曲率。

变形体系虚功方程式可表示为：

$$\sum F_i \Delta_i + \sum F_{Ri} c_i = \sum\int M\kappa ds + \sum\int F_s \gamma ds + \sum\int F_N \varepsilon ds$$

(4) 虚功原理的两种应用形式

1) 虚位移原理

受力状态是真实的（力未知），利用虚设可能产生的位移状态（位移已知）来求未知力（支座反力或内力）。

2) 虚力原理

位移状态是真实的（位移未知），利用虚设一平衡力系（力已知）来求位移。

本章是利用虚力原理来求结构的位移。

6.2.3 位移计算的一般公式

利用单位荷载法计算结构位移的一般公式为：

$$\Delta_k = -\sum \overline{F}_{Ri} c_i + \sum\int \overline{M}\kappa ds + \sum\int \overline{F}_S \gamma ds + \sum\int \overline{F}_N \varepsilon ds$$

式中：$\overline{F}_{Ri}$、$\overline{M}$、$\overline{F}_S$、$\overline{F}_N$ 分别为虚拟单位荷载 $\overline{F}=1$ 作用产生的支座反力、弯矩、剪力和轴力；c_i、κ、γ、ε 分别为实际位移状态中支座移动、曲率、平均剪切应变和轴向应变。

采用单位荷载法求结构位移时，要根据所求位移类别的不同，虚设相应的单位力状态，见表 6-3。

6.2.4 静定结构在荷载作用下的位移计算

(1) 荷载作用下结构位移的计算公式

实际位移状态中由荷载作用引起的微段 ds 的各应变可表示为：

$$\mathrm{d}u_P = \varepsilon_P \cdot \mathrm{d}s = \frac{F_{NP}\mathrm{d}s}{EA}$$

$$\mathrm{d}\eta_P = \gamma_P \cdot \mathrm{d}s = k\frac{F_{SP}\mathrm{d}s}{GA}$$

$$\mathrm{d}\varphi_P = \kappa_P \cdot \mathrm{d}s = \frac{M_P}{EI}\mathrm{d}s$$

广义位移的计算 表 6-3

待求的广义位移	广义单位荷载的施加	
截面(结点)绝对线位移	沿拟求位移方向施加一个单位集中力	求 Δ_{Ax}
截面绝对角位移	在该截面处施加一个单位集中力偶	求 φ_A
求两截面沿其连线方向上的相对线位移	沿两截面连线方向上施加一对指向相反的单位集中力	求 Δ_{AB}
求两截面的相对角位移	在两截面处施加一对方向相反的单位集中力偶	求 φ_{AB}
桁架杆件角位移	在杆两端加一对方向相反、垂直杆轴的集中力(形成单位集中力偶)	求 φ_{AB}

续表

待求的广义位移	广义单位荷载的施加	
桁架中两杆的相对角位移	在两杆的两端分别施加一对方向相反、垂直杆轴的集中力(形成一对单位集中力偶)	求杆 AB 和 BC 的相对转角

将上述各应变表达式代入结构位移计算一般公式，可得荷载作用下结构弹性位移的计算公式为：

$$\Delta_{kP} = \sum\int\frac{\overline{M}M_P}{EI}ds + \sum\int\frac{k\overline{F}_S \cdot F_{SP}}{GA}ds + \sum\int\frac{\overline{F}_N \cdot F_{NP}}{EA}ds$$

式中 M_P、F_{SP}、F_{NP}——分别是由实际荷载作用引起的结构内力；

$\overline{M}$、$\overline{F}_S$、$\overline{F}_N$——分别是由虚设单位荷载 $\overline{F}=1$ 作用引起的内力；

EI、GA、EA——分别是杆件截面的抗弯刚度、抗剪刚度和抗拉刚度；

k——剪应力分布不均匀修正系数。矩形截面 $k=1.2$，圆形截面 $k=10/9$。

(2) 各类结构在荷载作用下位移计算简化公式

1) 梁和刚架

$$\Delta_{kP} = \sum\int\frac{\overline{M}M_P}{EI}ds$$

2) 桁架

$$\Delta_{kP} = \sum\int\frac{\overline{F}_N F_{NP}}{EA}ds = \sum\frac{\overline{F}_N F_{NP}l}{EA}$$

式中，l 为杆长。

3) 组合结构

$$\Delta_{kP} = \sum_{梁式杆}\int\frac{\overline{M}M_P}{EI}ds + \sum_{链杆}\frac{\overline{F}_N F_{NP}l}{EA}$$

(3) 荷载作用下静定结构位移求解步骤

1) 沿拟求位移的位置和方向虚设相应的单位荷载 $\overline{F}=1$；

2) 根据平衡条件求出实际荷载作用下结构中相应内力（M_P、F_{NP}、F_{SP}）；

3) 根据平衡条件求出单位荷载作用下结构中相应内力（$\overline{M}$、$\overline{F}_N$、$\overline{F}_S$）；

4) 代入公式计算位移。对不同类型结构，可采用相应的位移计算简化公式。

6.2.5 图乘法

(1) 图乘法计算公式

梁式杆件在荷载作用下的位移计算公式为分段积分并求和。如果在分段积分中，每杆段满足下列条件：杆段是直杆段；EI 为常数（等截面）；两个弯矩图 $\overline{M}$ 和 M_P 中至少有一个是直线，则位移可按下式计算：

$$\Delta_{kp} = \sum \int \frac{\overline{M}M_P}{EI} ds = \sum \frac{A_\omega y_c}{EI}$$

即将某杆段中两个弯矩函数的积分运算，简化成一个弯矩图的面积 A_ω 乘以其形心所对应的另一个直线弯矩图的竖标 y_c 再除以 EI。

（2）常见图形的面积及形心位置（图 6-3）

其中各抛物线图形均为标准抛物线。所谓标准抛物线图形，是指抛物线图形具有顶点（顶点是指切线平行于底边的点），并且顶点在中点或者端点。

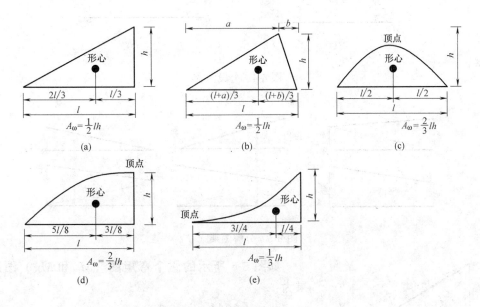

图 6-3 常见图形面积和形心位置

（3）分段图乘

若两弯矩图不满足图乘条件，比如一个弯矩图是曲线，另一个弯矩图是由几段直线组成的折线；或者杆段截面为变截面，即 EI 值不相等时，均应先分段图乘，再将各段图乘结果进行叠加。

如图 6-4（a）所示的两弯矩图图乘结果为：

$$\int_A^B \frac{M_i M_K}{EI} ds = \frac{1}{EI}(A_{\omega 1} y_1 + A_{\omega 2} y_2 + A_{\omega 3} y_3)$$

如图 6-4（b）所示的两弯矩图图乘结果为：

$$\int_A^B \frac{M_i M_K}{EI} ds = \frac{A_{\omega 1} y_1}{EI_1} + \frac{A_{\omega 2} y_2}{EI_2} + \frac{A_{\omega 3} y_3}{EI_3}$$

（4）分解图乘

若弯矩图形比较复杂，可将其分解为几个简单图形，将它们分别与另一弯矩图相乘，然后将所得结果叠加。

如图 6-5 所示的两个梯形弯矩图（M_i 和 M_k）图乘结果为：

$$\int \frac{M_i M_K}{EI} ds = \frac{1}{EI}(A_{\omega 1} y_1 + A_{\omega 2} y_2)$$

式中，$A_{\omega 1} = \frac{1}{2} la$；$A_{\omega 2} = \frac{1}{2} lb$；$y_1 = \frac{2}{3} c + \frac{1}{3} d$；$y_2 = \frac{1}{3} c + \frac{2}{3} d$。

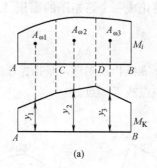
(a)

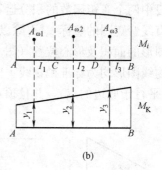
(b)

图 6-4　分段图乘

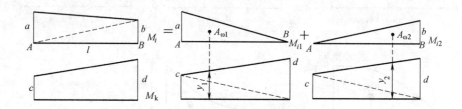

图 6-5　分解图乘（一）

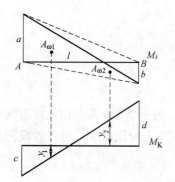

图 6-6　分解图乘（二）

如图 6-6 所示的两个弯矩图（M_i 和 M_K）图乘结果为：

$$\int \frac{M_i M_K}{EI} ds = \frac{1}{EI}(-A_{\omega 1} y_1 - A_{\omega 2} y_2)$$

式中，$A_{\omega 1} = \frac{1}{2} la$；$A_{\omega 2} = \frac{1}{2} lb$；$y_1 = \frac{2}{3} c - \frac{1}{3} d$；$y_2 = \frac{2}{3} d - \frac{1}{3} c$。

如图 6-7 所示的两个弯矩图图乘结果为：

$$\int \frac{M_p \overline{M}}{EI} ds = \frac{1}{EI}(A_{\omega 1} y_1 + A_{\omega 2} y_2 + A_{\omega 3} y_2)$$

式中，$A_{\omega 1} = \frac{1}{2} la$；$A_{\omega 2} = \frac{1}{2} lb$；$A_{\omega 3} = \frac{2}{3} l \times \frac{ql^2}{8} = \frac{ql^3}{12}$；$y_1 = \frac{2}{3} c + \frac{1}{3} d$；$y_2 = \frac{2}{3} d + \frac{1}{3} c$；$y_3 = \frac{c}{2} + \frac{d}{2}$。

6.2.6　静定结构温度变化时的位移计算

（1）温度改变下结构位移的计算公式

实际位移状态中由温度变化引起的微段 ds 的各应变可表示为：

$$du_t = \varepsilon_t ds = \alpha t_0 ds$$

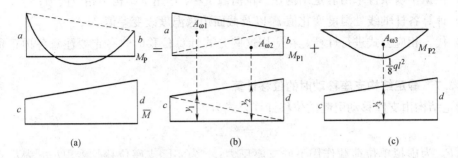

图 6-7 分解图乘（三）

$$d\varphi_t = \kappa_t ds = \frac{\alpha \Delta t ds}{h}$$

$$d\eta_t = \gamma_t ds = 0$$

将上述各应变表达式代入结构位移计算一般公式，可得温度改变下结构弹性位移的计算公式为：

$$\Delta_{kt} = \sum \frac{\alpha \Delta t}{h} \int \overline{M} ds + \sum \alpha t_0 \int \overline{F}_N ds$$

式中 Δt——截面上、下边缘温度改变的差值 $\Delta t = t_2 - t_1$；

t_0——杆件轴线处温度改变值，$t_0 = \frac{h_1 t_2 + h_2 t_1}{h}$，$h$ 是杆件截面厚度，h_1 和 h_2 分别是杆轴至截面上、下边缘的距离。如果杆件的截面是对称截面，则：

$$h_1 = h_2 = h/2, t_0 = (t_2 + t_1)/2$$

轴力 $\overline{F}_N$ 以拉伸为正，t_0 以升高为正。弯矩 $\overline{M}$ 和温差 Δt 引起的弯曲为同一方向时（即当 $\overline{M}$ 和 Δt 使杆件同侧产生拉伸变形时），其乘积取正值，反之取负值。

(2) 各类结构在温度改变下位移计算公式

对于梁和刚架结构，计算由温度变化引起的位移时，一般不能略去轴向变形的影响。

对于桁架结构，由温度变化引起的位移计算公式为：

$$\Delta_{kt} = \sum \int \overline{F}_N \alpha t_0 ds = \sum (\overline{F}_N \alpha t_0 l)$$

式中，l 为杆长。

对于组合结构，计算温度变化引起位移时，应将梁式杆和链杆分开考虑，即：

$$\Delta_{kt} = \Big(\sum_{\text{梁式杆}} \int \overline{M} \frac{\alpha \Delta t}{h} ds + \sum_{\text{梁式杆}} \int \overline{F}_N \alpha t_0 ds \Big) + \sum_{\text{链杆}} (\overline{F}_N \alpha t_0 l)$$

当桁架的杆件长度因制造而存在误差（杆件制作长度与设计长度不符），由此引起的位移计算与温度变化时相类似。设各杆长度误差为 Δl，则位移计算公式为：

$$\Delta_{kl} = \sum \overline{F}_N \cdot \Delta l$$

式中，Δl 以伸长为正，轴力 $\overline{F}_N$ 以拉力为正。

(3) 总结静定结构由温度变化引起位移的计算步骤

1) 沿拟求位移方向虚设相应的单位荷载 $\overline{F} = 1$（广义荷载）；

2）根据平衡条件求出静定结构在单位荷载 $\overline{F}=1$ 作用下结构中相应内力；

3）计算各杆轴线处温度变化值 t_0 以及截面边缘温度改变差值 Δt；

4）代入相应公式进行计算。在应用这些公式计算位移时，一定要注意各项正负号的确定。

6.2.7 静定结构支座移动时的位移计算

静定结构由支座移动引起的位移计算公式为：

$$\Delta_{KC} = -\sum \overline{F}_{Ri}c_i$$

式中，$\overline{F}_R$ 为虚拟单位荷载作用下的支座反力；c 为实际支座位移。乘积 $\overline{F}_R c$ 表示支座反力在相应支座位移上所做的虚功，当 $\overline{F}_R$ 与实际支座位移 c 的方向一致时其乘积取正，相反时为负。

计算带有弹性支座结构中的位移时，要另外考虑由于弹性支座的移动而引起的结构位移，其余与不带弹性支座结构位移的计算方法完全相同。

6.2.8 互等定理

（1）功的互等定理

任一线性变形体系中，第一状态外力在第二状态相应位移上所做的虚功等于第二状态外力在第一状态相应位移上所做的虚功。

（2）位移互等定理

在任一线性变形体系中，第一个单位力作用点沿其方向上由第二个单位力作用引起的位移，等于第二个单位力作用点沿其方向上由第一个单位力作用引起的位移。

（3）反力互等定理

支座1处由于支座2的单位位移所引起的反力，等于支座2处由于支座1的单位位移引起的反力。

（4）反力位移互等定理

在线性变形体系中，由单位荷载 $F_1=1$ 引起结构中某支座处的反力 k_{21}，等于由该支座发生单位位移引起与单位荷载作用处相应的位移 δ_{12}，但两者符号相反。

在互等定理中的力都是指广义力，位移则是与广义力相应的广义位移。

其中功的互等定理是最基本的，其他三个互等定理皆可由功的互等定理推出。

6.3 本章习题

6.3.1 判断题

1. 结构发生变形必然会引起位移，反过来，结构有位移时必然有变形产生。（　　）

2. 静定结构在支座移动、温度变化等作用下，不产生内力，但有位移，且位移只与杆件相对刚度有关。（　　）

3. 虚功原理中的力状态和位移状态可以是虚设的，也可以是真实的。（　　）

4. 用图乘法可求得各类结构在荷载作用下的位移。（　　）

5. 如图6-8所示斜梁与水平梁的弯矩图和刚度完全相同，所以两者的位移也完全相同。

（　　）

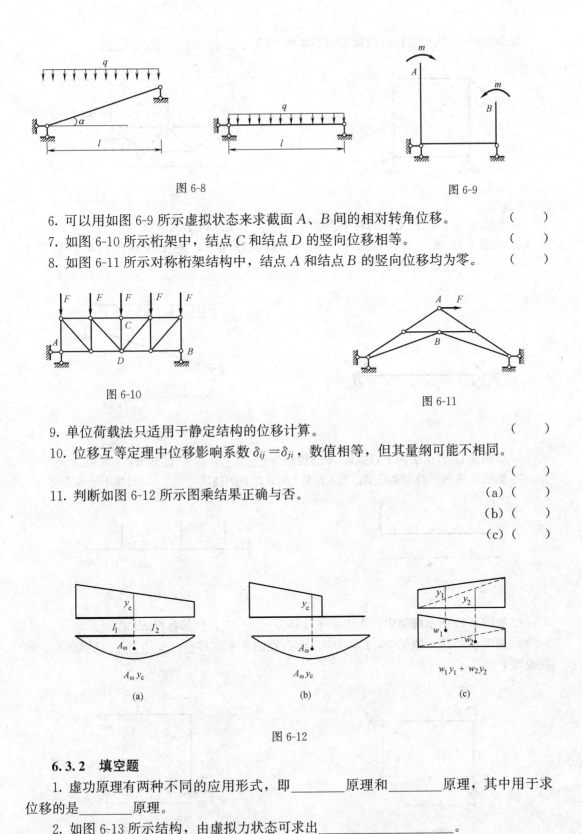

图 6-8　　　　　　　　　　　　　　　图 6-9

6. 可以用如图 6-9 所示虚拟状态来求截面 A、B 间的相对转角位移。　　（　　）
7. 如图 6-10 所示桁架中，结点 C 和结点 D 的竖向位移相等。　　　　（　　）
8. 如图 6-11 所示对称桁架结构中，结点 A 和结点 B 的竖向位移均为零。（　　）

图 6-10　　　　　　　　　　　　　　　图 6-11

9. 单位荷载法只适用于静定结构的位移计算。　　　　　　　　　　　　（　　）
10. 位移互等定理中位移影响系数 $\delta_{ij}=\delta_{ji}$，数值相等，但其量纲可能不相同。
　　　　　　　　　　　　　　　　　　　　　　　　　　　　　　　　　（　　）
11. 判断如图 6-12 所示图乘结果正确与否。　　　　　　　　　　(a) （　　）
　　　　　　　　　　　　　　　　　　　　　　　　　　　　　(b) （　　）
　　　　　　　　　　　　　　　　　　　　　　　　　　　　　(c) （　　）

图 6-12

6.3.2　填空题

1. 虚功原理有两种不同的应用形式，即_____原理和_____原理，其中用于求位移的是_____原理。
2. 如图 6-13 所示结构，由虚拟力状态可求出_____。

3. 如图 6-14 所示结构，由虚拟力状态可求出_____。

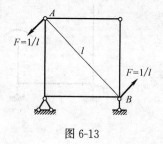

图 6-13

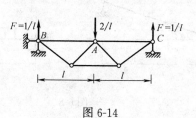

图 6-14

4. 如图 6-15 所示简支梁的跨中挠度为_____。已知 EI 为常数。

5. 如图 6-16 所示斜梁在水平方向均布荷载作用下，左支座截面的角位移等于_____。已知 EI 为常数。

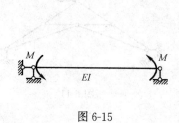

图 6-15

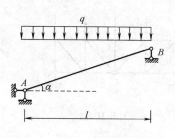

图 6-16

6. 如图 6-17 所示结构中，截面 A 的转角为_____。已知 EI 为常数。

7. 如图 6-18 所示静定多跨梁，当 EI_2 增大时，D 点的挠度_____。（填不变或变化）

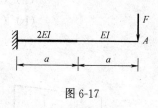

图 6-17

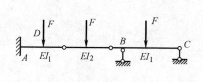

图 6-18

8. 如图 6-19 所示刚架中，A 点水平位移为_____。已知各杆 EI 相同。

9. 如图 6-20 所示刚架中，$l>a>0$，则 B 点的水平位移_____。（填向左、向右或等于 0）

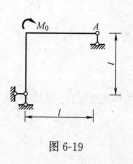

图 6-19

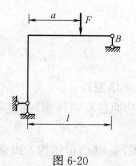

图 6-20

10. 如图 6-21 所示刚架中，C、D 两点相对线位移等于_____，两点的距离为_____。已知 EI 为常数。

11. 如图 6-22 所示桁架中，结点 C 的水平位移_____零。（填等于或不等于）

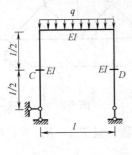

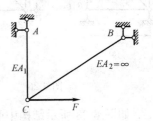

图 6-21

图 6-22

12. 如图 6-23 所示桁架中，F 点的水平位移=_____。已知各杆 EA 相等且为常数。

13. 如图 6-24 所示桁架中，杆 BC 的角位移 φ_{BC}=_____。已知各杆 EA 相等且为常数。

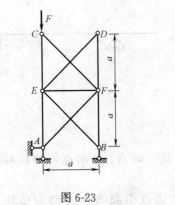

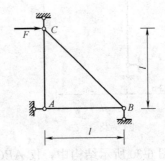

图 6-23

图 6-24

14. 如图 6-25 所示各桁架中，C 点能发生竖向位移的是_____。

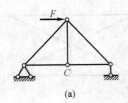
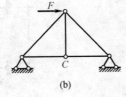
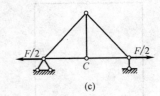

(a)   (b)   (c)

图 6-25

15. 如图 6-26 所示结构中，各杆 EA 相同，则两图中 C 点的水平位移_____。（填相等或不相等）

16. 如图 6-27 所示桁架中，B 点竖向位移 Δ_{BV}=_____。已知各杆 EA 相等且为常数。

71

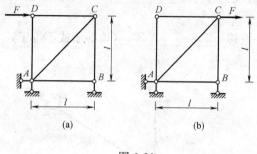
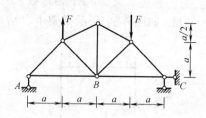

图 6-26

图 6-27

17. 如图 6-28 所示结构中受弯杆件 EI、链杆 EA 均为常数，且 $EA=EI/30$，则截面 D 处转角 $\varphi_D=$_____。

18. 如图 6-29 所示伸臂梁，温度升高 $t_1>t_2$，则 C 端位移方向_____，跨内某截面 D 处位移方向_____（填向上、向下或不变）。

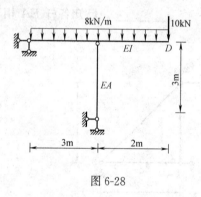

图 6-28

图 6-29

19. 如图 6-30 所示结构中，仅 ABC 部分温度升高，则 A、B 两点间的相对线位移为_____。

20. 如图 6-31 所示桁架中，杆 a 温度升高 $t℃$，由此引起结点 A 竖向位移 $\Delta_{AV}=$_____。已知各杆 $EA=$ 常数，$\alpha=30°$。

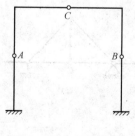
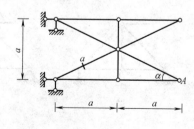

图 6-30

图 6-31

21. 如图 6-32 所示带拉杆三铰拱，其中拉杆温度升高 t，由此引起顶铰 C 点竖向位移 $\Delta_{CV}=$_____。已知线性膨胀系数为 α。

22. 在如图 6-33 所示带拉杆三铰拱中，拉杆 AB 长度比原设计长度短了 1.2cm，由此

引起顶铰 C 点竖向位移 $\Delta_{CV} =$ _____（注明方向）。

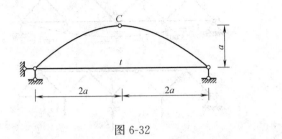

图 6-32

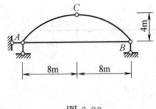

图 6-33

23. 如图 6-34 所示桁架，由于制造误差，杆 AB 短了 3 cm，装配后杆 AB 被拉伸的长度为_____。

24. 如图 6-35 所示桁架，由于制造误差，杆 AE 增长了 1cm，杆 BE 减短 1cm，则结点 E 竖向位移 $\Delta_{EV} =$ _____。

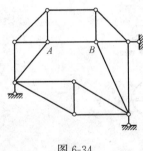

图 6-34

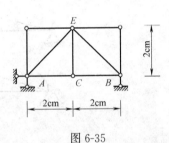

图 6-35

25. 如图 6-36 所示结构中，欲使 A 点的竖向位移与正确位置相比，误差不超过 0.6cm，杆 BC 长度的最大误差 $\Delta l_{\max} =$ _____。设其他各杆保持精确长度。

26. 如图 6-37 所示刚架中支座 A 向下移动 a，且转动 α，则 B 端竖向位移 $\Delta_{BV} =$ _____。

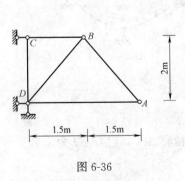

图 6-36

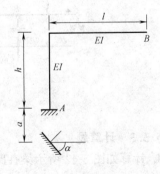

图 6-37

27. 如图 6-38 所示刚架结构，由于支座移动引起 A 点竖向位移 $\Delta_{AV} =$ _____。

28. 如图 6-39 所示某桁架支座 B 被迫下沉 5 mm，并测得下弦结点相应的挠度如图 6-39（a）所示，此时桁架上无其他荷载，则如图 6-39（b）所示荷载作用引起支座 B 的反力 $F_{BV} =$ _____。

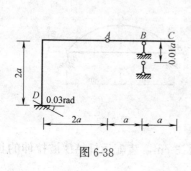

图 6-38

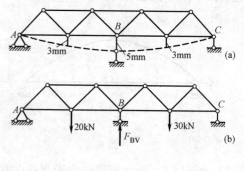

图 6-39

29. 如图 6-40（a）所示梁两端产生的转角分别为 α、β，则该梁在如图 6-40（b）所示荷载作用下，B 端产生的转角 γ =_____。

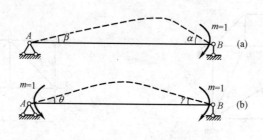

图 6-40

30. 如图 6-41（a）所示连续梁支座 B 的反力 $F_{BV}=11/16(\uparrow)$，则该连续梁在 B 处下沉 $\Delta_B=1$ 时（图 6-41b），D 点的竖向位移 $\delta_D=$_____。

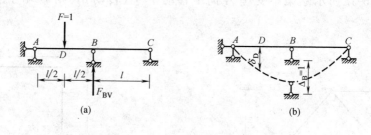

图 6-41

6.3.3 计算题

1. 计算如图 6-42 所示梁在跨中 C 截面处的竖向位移 Δ_{CV}，已知 EI 为常数。

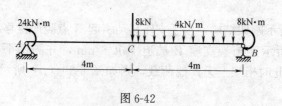

图 6-42

2. 计算如图 6-43 所示多跨梁在支座 B 处的转角 φ_B，已知 $EI=$ 常数。
3. 求如图 6-44 所示刚架结构中 E 点的水平位移 Δ_{EH}，已知 $EI=2.1\times10^4 \text{kN}\cdot\text{m}^2$。

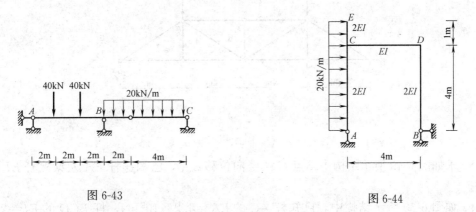

图 6-43　　　　　　　　图 6-44

4. 求如图 6-45 所示结构中 A、B 两点的相对竖向线位移 Δ_{AB}，已知各杆 EI 为常数。
5. 求如图 6-46 所示刚架中铰 C 两侧截面的相对转角 φ_{cc}，已知各杆 EI 为常数。

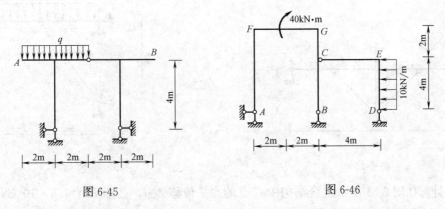

图 6-45　　　　　　　　图 6-46

6. 求如图 6-47 所示桁架中杆 BD 的转角 φ_{BD}，已知各杆 EA 为常数。

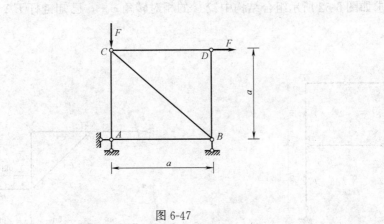

图 6-47

7. 计算如图 6-48 所示桁架中结点 3 的竖向位移 Δ_{3V}。设各杆 EA 值相同，$A=100\text{cm}^2$，$E=21000\text{kN/cm}^2$。

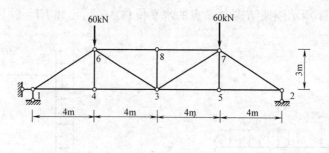

图 6-48

8. 求如图 6-49 所示结构中结点 C 的竖向位移 Δ_{CV},已知链杆 EA 及梁式杆 EI 均为常数。

9. 如图 6-50 所示结构中,已知杆 AC 的 $EA=4.2\times10^5$ kN,杆 BCD 的 $EI=2.1\times10^8$ kN·cm^2,求截面 D 的角位移 φ_D。

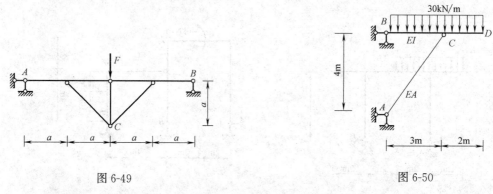

图 6-49　　　　　　　　　　　图 6-50

10. 计算如图 6-51 所示组合结构中 C 点的水平位移 Δ_{CH},已知 $EI=7.5\times10^5$ kN·m^2,$EA=2.1\times10^6$ kN。

11. 求如图 6-52 所示组合结构中铰 C 的相对转角 φ_{CC},已知链杆 EA 及梁式杆 EI 均为常数。

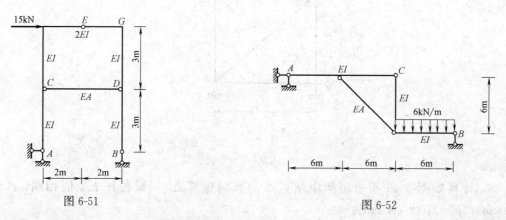

图 6-51　　　　　　　　　　　图 6-52

12. 如图 6-53 所示桁架结构中，上弦各杆温度升高 t，其他杆温度不变，材料线膨胀系数为 α，计算 C 点的竖向位移 Δ_{CV}。

13. 计算如图 6-54 所示刚架因温度变化而产生的 C 点的水平位移 Δ_{CH}。已知温度膨胀系数 $\alpha=0.00001$，截面高度 0.18m。

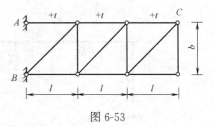

图 6-53

14. 计算如图 6-55 所示组合结构因 AB 柱温度变化而产生的 D 点竖向位移 Δ_{DV}。已知材料线膨胀系数 $\alpha=0.00001$，截面高度 $h=0.5$m。

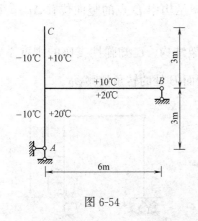

图 6-54

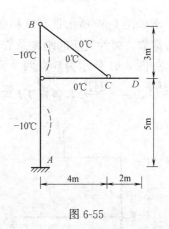

图 6-55

15. 如图 6-56 所示组合结构中，若下撑 5 根链杆制造时均短了 Δ，求由此引起的结点 E 的竖向位移 Δ_{EV}。

16. 如图 6-57 所示三铰刚架中，已知支座 A 产生了水平位移 a 和竖向位移 b，求 B 端的转角 φ_B。

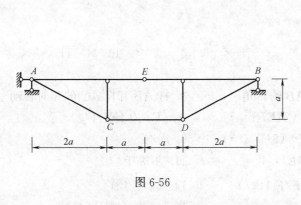

图 6-56

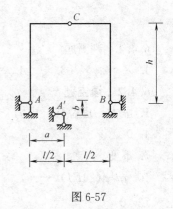

图 6-57

17. 如图 6-58 所示刚架支座产生了图示移动，求由此引起的 A 点竖向位移 Δ_{AV}。

18. 如图 6-59 所示刚架支座 A 发生的水平位移和竖向位移分别为 a 和 b，求铰 E 两侧截面的相对转角 φ_{EE}。

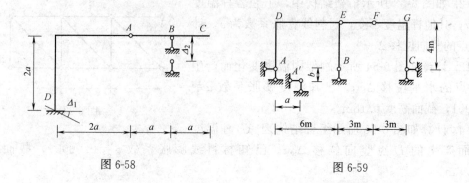

图 6-58   图 6-59

19. 求如图 6-60 所示带有抗移动弹性支座刚架结构中 D 点的竖向位移 Δ_{DV}。已知各杆 EI 为常数，弹性支座的刚度系数 $k=3EI/l^3$。

20. 如图 6-61 所示为具有两个弹性支座的刚架结构，已知弹性支座的刚度系数分别为 $k_1=\dfrac{2EI}{l^3}$，$k_2=\dfrac{24EI}{l}$，各杆 EI 均为常数，求截面 B 处的转角位移 φ_B。

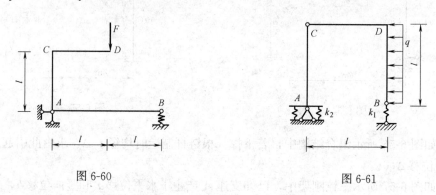

图 6-60   图 6-61

6.4 习题参考答案

6.4.1 判断题
1. × 2. × 3. √ 4. × 5. × 6. √ 7. × 8. √ 9. × 10. × 11. × × ×

6.4.2 填空题
1. 虚力　虚位移　虚力 2. 杆 AB 的转角 3. 杆 AB 和杆 AC 的相对转动
4. 0 5. $ql^3/(24EI\cos\alpha)$ 6. $5Fa^2/(4EI)(\circlearrowleft)$
7. 不变 8. $M_0l^2/(3EI)(\rightarrow)$ 9. 向右
10. $ql^4/(24EI)(\leftrightarrow)$　$l+ql^4/(24EI)$ 11. 不等于
12. 0 13. $\sqrt{2}F/EA(\circlearrowleft)$ 14. (a)、(c)
15. 相等 16. 0 17. $4673/(3EI)(\circlearrowleft)$
18. 向下　向上 19. 0 20. 0
21. $4a\alpha t(\downarrow)$ 22. 0.012m（方向向上） 23. 0
24. 0 25. ±0.4cm 26. $a+l\alpha(\downarrow)$

27. $0.06a(\downarrow)$ 28. $30\text{kN}(\uparrow)$ 29. $\alpha+\beta$
30. $11/16(\downarrow)$

6.4.3 计算题

1. $\Delta_{CV}=64/EI(\downarrow)$
2. $\varphi_B=80/EI\;(\cup)$
3. $\Delta_{EH}=0.28\text{m}(\rightarrow)$
4. $\Delta_{AB}=4q/EI(\uparrow\downarrow)$
5. $\varphi_{CC}=287/EI\;(\cup\cup)$
6. $\varphi_{BD}=(1+2\sqrt{2})F/EA\;(\cup)$
7. $\Delta_{3V}=1.21\text{mm}\;(\downarrow)$
8. $\Delta_{CV}=\dfrac{Fa^3}{3EI}+\dfrac{4\sqrt{2}+2}{EA}Fa(\downarrow)$
9. $\varphi_D=3.92\times10^{-3}\text{rad}(\cup)$
10. $\Delta_{CH}=7.5\times10^{-4}\text{m}(\rightarrow)$
11. $\varphi_{CC}=-\dfrac{108}{EI}+\dfrac{24\sqrt{2}}{EA}\;(\cup\cup)$
12. $\Delta_{CV}=\dfrac{6tl^2a}{b}\;(\downarrow)$
13. $\Delta_{CH}=12.62\text{mm}(\rightarrow)$
14. $\Delta_{DV}=6\text{mm}(\uparrow)$
15. $\Delta_{EV}=1.5\sqrt{5}\Delta\;(\uparrow)$
16. $\varphi_B=\dfrac{a}{2h}-\dfrac{b}{l}$ (顺时针为正)
17. $\Delta_{AV}=2a\Delta_1(\downarrow)$
18. $\varphi_{EE}=\dfrac{b}{6}-\dfrac{a}{4}\;(\cup\cup)$
19. $\Delta_{DV}=\dfrac{25Fl^3}{12EI}(\downarrow)$
20. $\varphi_B=\dfrac{7ql^3}{12EI}\;(\cup)$

第7章 力 法

7.1 学习要求

本章讨论用力法计算超静定结构。先基于力法的基本原理，详细讨论如何根据变形条件建立力法典型方程。作为力法计算的应用，分别讨论了超静定梁、刚架、排架、桁架、组合结构及拱等各种不同类型结构的力法计算方法，并讨论了对称结构的简化计算问题。同时，讨论了超静定结构的位移计算及超静定结构计算结果校核，并介绍了超静定结构在温度变化及支座移动下的内力及位移计算，最后总结了超静定结构的性质。

学习要求如下：
(1) 能正确判断超静定结构中多余约束的数量（超静定次数）及位置；
(2) 掌握力法的基本原理：理解基本未知量的确定、基本结构的选取、力法典型方程的建立及物理意义、系数和自由项的物理意义和求解方法，以及运用叠加法作最后的内力图等；
(3) 熟练掌握力法的解题步骤，能熟练地运用力法计算超静定梁、刚架、排架、桁架、拱及组合结构在荷载作用下的内力；
(4) 熟练掌握利用结构和荷载的对称性来达到简化计算的方法（包括半结构法）；
(5) 掌握超静定结构的位移计算方法；
(6) 掌握超静定结构最后内力图的校核方法，尤其是变形条件的校核；
(7) 掌握超静定结构在支座移动、温度改变下的结构内力计算方法及位移计算方法；
(8) 理解超静定结构的性质。

其中，超静定对称结构的简化计算问题以及超静定结构计算结果校核中的变形校核问题是学习的难点。

7.2 基本内容

7.2.1 超静定次数

超静定结构中多余约束或多余未知力的数目，称为超静定次数。

超静定次数等于把原结构变成静定结构时所需撤除的约束总数，即等于根据平衡方程计算未知量时所缺少的方程个数。

确定超静定结构的超静定次数，关键是要学会把原结构拆成一个静定结构。

7.2.2 力法的基本原理

将原超静定结构中去掉多余约束后得到的静定结构，称为力法的基本结构。

基本结构在原荷载和多余未知力共同作用下的体系称为力法的基本体系。

根据基本体系在解除多余约束处与原结构位移相同的条件建立力法方程，求解力法方程从而先求出多余未知力。然后根据基本结构在荷载及基本未知力共同作用下，由平衡条件或叠加方法可求出其余反力或内力。

7.2.3 荷载作用时的力法典型方程

（1）荷载作用时的力法典型方程

n 次超静定结构在荷载作用下力法方程的一般形式为：

$$\begin{cases} \delta_{11}X_1+\delta_{12}X_2+\cdots+\delta_{1n}X_n+\Delta_{1P}=0 \\ \cdots\cdots \\ \delta_{i1}X_1+\delta_{i2}X_2+\cdots+\delta_{in}X_n+\Delta_{iP}=0 \\ \cdots\cdots \\ \delta_{n1}X_1+\delta_{n2}X_2+\cdots+\delta_{nn}X_n+\Delta_{nP}=0 \end{cases}$$

力法典型方程表示基本结构在全部多余未知力和原荷载共同作用下，在去掉多余约束处沿各多余未知力方向的位移，应与原结构相应的位移相等。

（2）系数和自由项

主系数 δ_{ii} 表示基本结构在单位未知力 $X_i=1$ 单独作用下沿 X_i 方向的位移，副系数 δ_{ij} 表示基本结构在单位未知力 $X_j=1$ 单独作用下沿 X_i 方向的位移，自由项 Δ_{iP} 表示基本结构在原荷载单独作用下沿 X_i 方向的位移。

系数和自由项可以采用单位荷载法计算：

$$\delta_{ii}=\sum\int\frac{\overline{M}_i^2\mathrm{d}s}{EI}+\sum\int k\frac{\overline{F}_{Si}^2\mathrm{d}s}{GA}+\sum\int\frac{\overline{F}_{Ni}^2\mathrm{d}s}{EA}$$

$$\delta_{ij}=\delta_{ji}=\sum\int\frac{\overline{M}_i\overline{M}_j\mathrm{d}s}{EI}+\sum\int k\frac{\overline{F}_{Si}\overline{F}_{Sj}\mathrm{d}s}{GA}+\sum\int\frac{\overline{F}_{Ni}\overline{F}_{Nj}\mathrm{d}s}{EA}$$

$$\Delta_{iP}=\sum\int\frac{\overline{M}_iM_P\mathrm{d}s}{EI}+\sum\int k\frac{\overline{F}_{Si}F_{SP}\mathrm{d}s}{GA}+\sum\int\frac{\overline{F}_{Ni}F_{NP}\mathrm{d}s}{EA}$$

式中 $\overline{M}_i$、$\overline{F}_{Si}$、$\overline{F}_{Ni}$——基本结构在单位未知力 $X_i=1$ 单独作用时产生的内力；

$\overline{M}_j$、$\overline{F}_{Sj}$、$\overline{F}_{Nj}$——基本结构在单位未知力 $X_j=1$ 单独作用时产生的内力；

M_P、F_{SP}、F_{NP}——基本结构在原荷载单独作用时产生的内力。

（3）超静定结构的内力

解力法方程求出多余未知力 X_1、X_2……X_n 后，超静定结构的内力可根据平衡条件求出，或根据叠加原理按下式计算：

$$\begin{cases} M=\overline{M}_1X_1+\overline{M}_2X_2+\cdots+\overline{M}_nX_n+M_P=\sum_{i=1}^n\overline{M}_iX_i+M_P \\ F_s=\overline{F}_{S1}X_1+\overline{F}_{S2}X_2+\cdots+\overline{F}_{Sn}X_n+F_{SP}=\sum_{i=1}^n\overline{F}_{Si}X_i+F_{SP} \\ F_N=\overline{F}_{N1}X_1+\overline{F}_{N2}X_2+\cdots+\overline{F}_{Nn}X_n+F_{NP}=\sum_{i=1}^n\overline{F}_{Ni}X_i+F_{NP} \end{cases}$$

（4）力法求解超静定结构的步骤

1）确定原结构的超静定次数，去掉多余约束，得出静定的基本结构，并以多余未知力代替去掉的相应多余约束作用。在选取基本结构时，以使计算尽可能简单为原则。

2）根据基本结构在多余未知力和荷载共同作用下，在所去多余约束处的位移应与原结构相应位移相等的条件，建立力法典型方程。

3）求解系数和自由项：根据基本结构在单位多余未知力及原荷载作用下的内力，利用单位荷载法求出所有的系数和自由项。

4）解力法典型方程，求出各多余未知力。

5）多余未知力求出后，可以按分析静定结构的方法，由平衡条件求出原超静定结构的反力及内力。也可以利用已作出的基本结构的单位内力图和荷载内力图采用叠加方法求解。

7.2.4 超静定梁、刚架和排架

用力法计算超静定梁和刚架时，力法方程中系数和自由项的计算可只考虑弯曲变形的影响，即计算式可简化为：

$$\begin{cases} \delta_{ii} = \sum \int \dfrac{\overline{M}_i^2 \mathrm{d}s}{EI} \\ \delta_{ij} = \delta_{ji} = \sum \int \dfrac{\overline{M}_i \overline{M}_j \mathrm{d}s}{EI} \\ \Delta_{iP} = \sum \int \dfrac{\overline{M}_i M_P \mathrm{d}s}{EI} \end{cases}$$

式中，$\overline{M}_i$、$\overline{M}_j$、M_P 分别表示基本结构在 $X_i=1$、$X_j=1$ 及原荷载单独作用时产生的弯矩。

按上式计算系数和自由项，通常可以采用图乘法计算。

对超静定梁和刚架结构，当求出所有多余未知力后，最后内力分析通常由平衡条件直接确定较简单些。若采用叠加法，即：

$$M = \sum \overline{M}_i X_i + M_P$$

由上式先叠加得出原结构 M 图，再由 M 图根据平衡条件求出剪力和轴力，以及支座反力，并作出剪力图和轴力图。

排架由屋架（或屋面梁）与柱组成。排架的超静定次数等于排架的跨数，其基本体系通常由切断各跨链杆得到（图 7-1）。排架结构力法计算中，因链杆刚度 $EA \rightarrow \infty$，在计算系数和自由项时，忽略链杆轴向变形的影响，只考虑柱子弯矩对变形的影响。因此，系数和自由项的计算同梁和刚架。

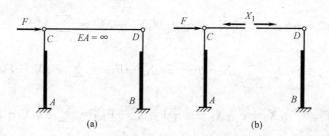

图 7-1 排架的计算简图及基本体系

7.2.5 超静定桁架

用力法计算超静定桁架结构时，力法方程中系数和自由项的计算，只需考虑轴向变形

的影响，即计算式可简化为：

$$\begin{cases} \delta_{ii} = \sum \dfrac{\overline{F}_{Ni}^{2}}{EI} l \\ \delta_{ij} = \sum \dfrac{\overline{F}_{Ni}\overline{F}_{Nj}}{EI} l \\ \Delta_{iP} = \sum \dfrac{\overline{F}_{Ni} F_{NP}}{EI} l \end{cases}$$

式中，$\overline{F}_{Ni}$、$\overline{F}_{Nj}$、F_{NP}分别表示基本结构在$X_i=1$、$X_j=1$及原荷载单独作用时产生的轴力。

当求出所有多余未知力后，桁架结构最后内力分析通常由叠加方法确定较简单。

7.2.6 超静定组合结构

组合结构中既有链杆又有梁式杆，计算力法方程中系数和自由项时，对链杆只需考虑轴力的影响；对梁式杆通常可忽略轴力和剪力的影响，只考虑弯矩的影响。因此，力法方程中系数和自由项的计算式可简化为：

$$\begin{cases} \delta_{ii} = \sum \int \dfrac{\overline{M}_i^2}{EI} \mathrm{d}s + \sum \dfrac{\overline{F}_{Ni}^2}{EA} l \\ \delta_{ij} = \sum \int \dfrac{\overline{M}_i \overline{M}_j}{EI} \mathrm{d}s + \sum \dfrac{\overline{F}_{Ni}\overline{F}_{Ni}}{EA} l \\ \Delta_{iP} = \sum \int \dfrac{\overline{M}_i M_P}{EI} \mathrm{d}s + \sum \dfrac{\overline{F}_{Ni} F_{NP}}{EA} l \end{cases}$$

式中，$\overline{M}_i$、$\overline{F}_{Ni}$为基本结构在单位未知力$X_i=1$作用下梁式杆的弯矩和链杆的轴力；M_P、F_{NP}为基本结构在原荷载作用下梁式杆的弯矩和链杆的轴力。

7.2.7 对称性的利用

计算对称结构时，应选择对称的基本结构，并取对称力或反对称力作为基本未知量，可有如下结论：

（1）力法方程必然分解成独立的两组，其中一组只包含对称的多余未知力，另一组只包含反对称的多余未知力。

（2）对称结构在对称荷载作用下，反对称未知力必然等于零，只需计算对称多余未知力；结构的反力、内力和变形是正对称的。

（3）对称结构在反对称荷载作用下，对称未知力必然等于零，只需计算反对称的多余未知力；结构的反力、内力和变形是反对称的。

（4）对称结构承受非对称荷载作用，通常把荷载分解为正对称荷载与反对称荷载两组。对这两组荷载情况，分别取对称的基本结构进行力法计算：在正对称荷载作用下，只需考虑正对称的多余未知力；在反对称荷载作用下，只需考虑反对称的多余未知力。然后，将两种荷载情况的计算结果叠加起来，即得原结构的内力。

根据对称结构在正对称荷载和反对称荷载作用下的受力和变形的特点，对称结构也可以选取半边结构进行计算。采用半结构简化计算时，注意以下四种情况：

（1）奇数跨对称结构承受正对称荷载作用

奇数跨对称结构在正对称荷载作用下，若对称轴处横梁为刚接，半结构在对称轴处应沿横梁方向设置成定向约束（图 7-2a）；若对称轴处是铰结点，半结构在对称轴处应沿横梁方向设置成活动支杆（图 7-2b）。

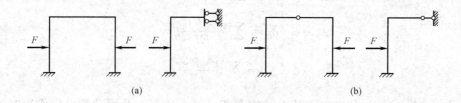

图 7-2 正对称荷载下奇数跨对称结构的半结构取法

（2）偶数跨对称结构承受正对称荷载作用

偶数跨对称结构在正对称荷载作用下，若对称轴处是刚结点或组合结点，半结构在对称轴处应设置成固定支座（图 7-3a）；若对称轴处是铰结点，半结构在对称轴处应设置成固定铰支座（图 7-3b）。

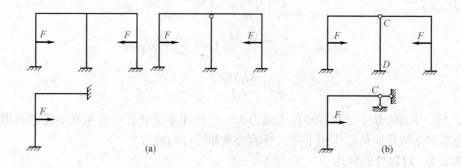

图 7-3 正对称荷载下偶数跨对称结构的半结构取法

（3）奇数跨对称结构承受反对称荷载作用

奇数跨对称结构在反对称荷载作用下，其半结构是将对称轴上的截面垂直于横梁方向设置成活动支杆（图 7-4）。

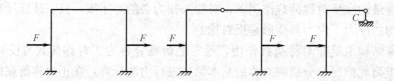

图 7-4 反对称荷载下奇数跨对称结构的半结构取法

（4）偶数跨对称结构承受反对称荷载作用

偶数跨对称结构在反对称荷载作用下，其半结构是将中柱刚度折半，梁柱结点形式保持不变（图 7-5）。

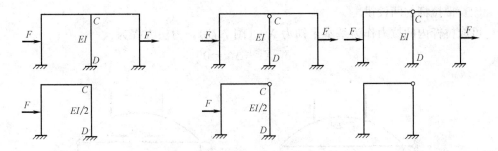

图 7-5 反对称荷载下偶数跨对称结构的半结构取法

7.2.8 两铰拱

(1) 不带拉杆的两铰拱

可取支座水平支反力作为基本未知量 X_1（图 7-6b），力法方程为：

$$\delta_{11}X_1+\Delta_{1P}=0$$

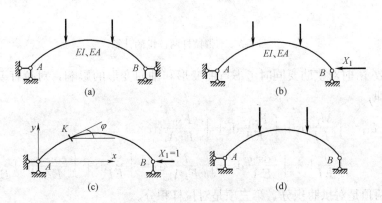

图 7-6 不带拉杆两铰拱的计算

系数和自由项的计算公式为：

$$\delta_{11}=\int\frac{\overline{M}_1^2}{EI}ds+\int\frac{\overline{F}_{N1}^2}{EA}ds=\int\frac{y^2}{EI}ds+\int\frac{\cos^2\varphi}{EA}ds$$

$$\Delta_{1P}=\int\frac{\overline{M}_1M_P}{EI}=-\int\frac{M^0y}{EI}ds$$

式中：$\overline{M}_1$、$\overline{F}_{N1}$ 分别为基本结构（简支曲梁）在单位未知力 $X_1=1$ 下的内力（图 7-6c）；M_P 为简支曲梁在原荷载下的内力（图 7-6d）。

将系数和自由项代入力法方程，可得两铰拱在竖向荷载作用下的水平推力 F_H：

$$X_1=F_H=-\frac{\Delta_{1P}}{\delta_{11}}$$

推力 F_H 求出后，可求两铰拱中任一截面的内力为：

$$\begin{cases}M=M^0-F_H\cdot y\\F_S=F_S^0\cos\varphi-F_H\sin\varphi\\F_N=-F_S^0\sin\varphi-F_H\cos\varphi\end{cases}$$

式中：M^0、F_S^0 分别为拱对应简支梁的弯矩和剪力。

(2) 带拉杆的两铰拱

可取拉杆内的拉力作为基本未知力 X_1（图 7-7b），力法方程为：
$$\delta_{11}^* X_1 + \Delta_{1P}^* = 0$$

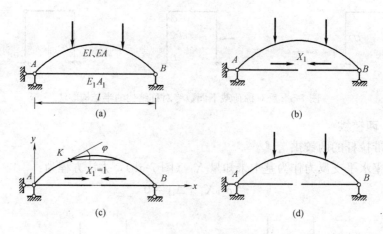

图 7-7 不带拉杆两铰拱的计算

计算系数 δ_{11}^* 时对拱肋要同时考虑弯曲变形和轴向变形的影响，对拉杆要考虑轴向变形的影响，即：

$$\delta_{11}^* = \int \frac{\overline{M}_1^2}{EI} ds + \int \frac{\overline{F}_{N1}^2}{EA} ds + \int_0^l \frac{\overline{F}_{N1}^2}{E_1 A_1} dx$$
$$= \int \frac{y^2}{EI} ds + \int \frac{\cos^2\varphi}{EA} ds + \int_0^l \frac{1^2}{E_1 A_1} dx = \int \frac{y^2}{EI} ds + \int \frac{\cos^2\varphi}{EA} ds + \frac{l}{E_1 A_1}$$

上式中，前两项是对拱肋积分，第三项是对拉杆积分。

计算自由项 Δ_{1P}^* 时只需对拱肋积分，这与无拉杆两铰拱的情况是一样的，即：

$$\Delta_{1P}^* = \int \frac{\overline{M}_1 M_P}{EI} ds = -\int \frac{y M^0}{EI} ds$$

将系数和自由项代入力法方程，得两铰拱在竖向荷载作用下拉杆的拉力，即拱肋推力 F_H^*：

$$X_1 = F_H^* = -\frac{\Delta_{1P}^*}{\delta_{11}^*}$$

由于对两铰拱的两种形式（有拉杆和无拉杆），有如下关系：

$$\delta_{11}^* = \delta_{11} + \frac{l}{E_1 A_1}, \quad \Delta_{1P}^* = \Delta_{1P}$$

由此可得出推力 F_H（无拉杆）和拉杆拉力 F_H^*（有拉杆）有下列关系：

$$F_H^* < F_H$$

这说明，带拉杆两铰拱的拱肋推力要比相应无拉杆两铰拱的推力小。而且带拉杆两铰拱的推力与拉杆刚度（$E_1 A_1$）有直接关系。在设计带拉杆的两铰拱时，为了减少拱肋的弯矩，改善拱的受力状态，应当适当地加大拉杆刚度。

7.2.9 对称无铰拱

采用弹性中心法来计算。计算步骤如下：

（1）按下式确定弹性中心的位置。

$$d = \frac{\int \frac{y'}{EI} ds}{\int \frac{1}{EI} ds}$$

（2）取带刚臂的等效无铰拱来代替原来的无铰拱进行计算：将刚臂端部切开后得到的对称结构作为力法的基本结构，多余未知力 X_1、X_2 和 X_3 作用在弹性中心上，如图7-8所示。

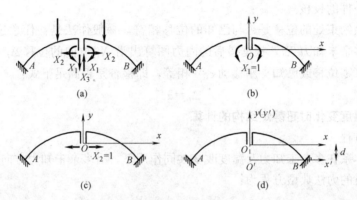

图 7-8 带刚臂无铰拱的计算

（3）建立力法方程：

$$\begin{cases} \delta_{11}X_1 + \Delta_{1P} = 0 \\ \delta_{22}X_2 + \Delta_{2P} = 0 \\ \delta_{33}X_3 + \Delta_{3P} = 0 \end{cases}$$

（4）计算主系数和自由项

计算系数和自由项时，通常只考虑弯矩的影响；但在计算 δ_{22} 时，需要考虑轴力的影响。因此，主系数和自由项的计算公式分别为：

$$\delta_{11} = \int \frac{\overline{M}_1^2}{EI} ds = \int \frac{1}{EI} ds \qquad \Delta_{1P} = \int \frac{\overline{M}_1 M_P}{EI} ds = \int \frac{M_P}{EI} ds$$

$$\delta_{22} = \int \frac{\overline{M}_2^2}{EI} ds + \int \frac{\overline{F}_{N2}^2}{EA} ds = \int \frac{y^2}{EI} ds + \int \frac{\cos^2\varphi}{EA} ds \qquad \Delta_{2P} = \int \frac{\overline{M}_2 M_P}{EI} ds = -\int \frac{y M_P}{EI} ds$$

$$\delta_{33} = \int \frac{\overline{M}_3^2}{EI} ds = \int \frac{x^2}{EI} ds \qquad \Delta_{3P} = \int \frac{\overline{M}_3 M_P}{EI} ds = \int \frac{x M_P}{EI} ds$$

（5）将系数和自由项代入力法方程，可解出多余未知力 X_1、X_2 和 X_3。拱上各个截面的内力，可根据平衡条件得到。

7.2.10 超静定结构位移的计算

荷载作用下超静定结构的位移计算与静定结构相同，即：

$$\Delta_{kP} = \sum \int \frac{\overline{M} M}{EI} ds + \sum \int k \frac{\overline{F}_S F_S}{GA} ds + \sum \int \frac{\overline{F}_N F_N}{EA} ds$$

式中：$\overline{M}$、$\overline{F}_S$、$\overline{F}_N$ 为虚拟状态中由单位荷载引起的内力（注意，单位荷载可以施加在任一基本结构上）；M、F_S、F_N 为实际荷载作用引起的内力（由力法求解）。

超静定梁和刚架结构的位移计算时通常只需考虑弯曲变形的影响，桁架结构的位移计算只需考虑轴向变形的影响等。

7.2.11 超静定结构计算结果的校核

超静定结构最后内力图的校核，应从平衡条件和变形条件两个方面进行。

（1）平衡条件的校核

从结构中任意取出一部分（一个结点、一根杆件或由若干杆件构成的部分），都应该满足平衡条件。若不满足，则表明内力图有错误。

（2）变形条件的校核

检查各多余约束处的位移是否与已知的位移相符，一般作法是：任意选取基本结构，任意选取一个多余未知力 X_i，根据最后的内力图算出沿 X_i 方向的位移 Δ_i 是否与原结构中的相应位移（零位移或已知支座移动 c_i）相等，即检查是否满足下式：

$$\Delta_i = \alpha$$

7.2.12 温度变化时超静定结构的计算

（1）典型方程

根据基本体系在多余未知力及温度改变共同作用下，沿多余未知力方向的位移条件可建立温度变化时的力法典型方程为：

$$\begin{cases} \delta_{11}X_1 + \delta_{12}X_2 + \cdots + \delta_{1n}X_n + \Delta_{1t} = 0 \\ \cdots\cdots \\ \delta_{i1}X_1 + \delta_{i2}X_2 + \cdots + \delta_{in}X_n + \Delta_{it} = 0 \\ \cdots\cdots \\ \delta_{n1}X_1 + \delta_{n2}X_2 + \cdots + \delta_{nn}X_n + \Delta_{nt} = 0 \end{cases}$$

系数 δ_{ij} 的含义及计算方法与荷载作用下相同。

自由项 Δ_{it} 表示基本结构由温度变化引起的沿 X_i 方向的位移，其计算公式为：

$$\Delta_{it} = \sum\int \overline{M}_i \frac{\alpha\Delta t \, ds}{h} + \sum\int \overline{F}_{Ni}\alpha t_0 \, ds$$

式中：α 为材料的线膨胀系数；h 是杆件截面厚度；t_0 为杆件轴线处温度；Δt 为截面上下边缘的温差；$\overline{M}_i$（$\overline{F}_{Ni}$）为基本结构在单位未知力 $X_i = 1$ 作用下的弯矩（轴力）。

（2）温度变化引起超静定结构的位移计算

除了考虑由于温度变化引起内力而产生的弹性变形外，还要加上由于温度变化所引起的位移，即：

$$\Delta_t = \sum\int \frac{\overline{M}M}{EI}ds + \sum\int k\frac{\overline{F}_S F_S}{GA}ds + \sum\int \frac{\overline{F}_N F_N}{EA}ds + \sum\int \overline{F}_N \alpha t_0 \, ds + \sum\int \overline{M}\frac{\alpha \Delta t}{h}ds$$

式中，前面三项是由于温度变化引起内力而产生的弹性变形，后面两项是由于温度变化所引起的位移。对不同类型的超静定结构，温度变化引起超静定结构位移计算式中的这两部分都可以简化。

同样地，对温度改变引起超静定结构的最后内力图进行变形条件校核时，应把温度变化所引起的基本结构的位移考虑进去。

7.2.13 支座移动时超静定结构的计算

(1) 典型方程

根据基本体系在多余未知力及支座移动共同作用下，沿多余未知力方向的位移条件可建立支座移动时的力法典型方程为：

$$\begin{cases} \delta_{11}X_1+\delta_{12}X_2+\cdots+\delta_{1n}X_n+\Delta_{1c}=\Delta_1 \\ \cdots\cdots \\ \delta_{i1}X_1+\delta_{i2}X_2+\cdots+\delta_{in}X_n+\Delta_{ic}=\Delta_i \\ \cdots\cdots \\ \delta_{n1}X_1+\delta_{n2}X_2+\cdots+\delta_{nn}X_n+\Delta_{nc}=\Delta_n \end{cases}$$

系数 δ_{ij} 的含义及计算方法与荷载作用、温度改变下均相同。

自由项 Δ_{ic} 表示基本结构由支座移动引起的沿 X_i 方向的位移，其计算公式为：

$$\Delta_{ic}=-\sum \overline{F}_{Rki}c_k$$

(2) 支座移动时超静定结构的位移计算

除了考虑由于支座移动引起内力而产生的弹性变形外，还要加上由于支座移动所引起的位移，即：

$$\Delta_c=\sum\int\frac{\overline{M}M}{EI}ds+\sum\int k\frac{\overline{F}_S F_S}{GA}ds+\sum\int\frac{\overline{F}_N F_N}{EA}ds-\sum \overline{F}_R c$$

式中，前面三项是由于支座移动引起内力而产生的弹性变形，对于具体的不同类型结构，可只考虑其中的一项或两项；最后一项是由于支座移动所引起的位移。

同样地，对支座移动引起超静定结构的最后内力图进行变形条件校核时，也应把支座移动所引起的基本结构的位移考虑进去。

7.3 本章习题

7.3.1 判断题

1. 力法计算超静定结构时，基本结构可以取超静定结构。 （　　）
2. 采用力法计算时，多余未知力是根据位移条件求解的，其他未知力是根据平衡条件求解的。 （　　）
3. 如图 7-9 所示结构，截断三根链杆可变成简支梁，故其是三次超静定结构。
 （　　）

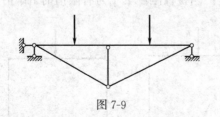

图 7-9

4. 用力法求解如图 7-10 所示结构时，可选择切断杆件 2 和杆件 4 后的体系作为基本结构。 （　　）
5. 如图 7-11 所示结构中横梁无弯曲变形，故其上无弯矩。 （　　）

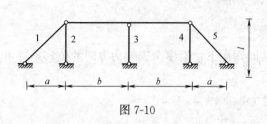

图 7-10

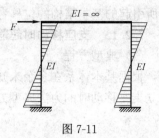

图 7-11

6. 如图 7-12（a）所示结构，取力法基本未知量为 X_1（图 7-12b），则力法方程中自由项 $\Delta_{1P} > 0$。　　　　　　　　　　　　　　　　　　　　　　　　　　　　（　　）

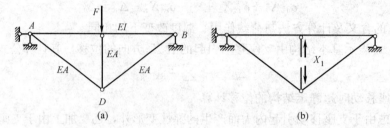

图 7-12

7. 如图 7-13 所示结构中，梁 AB 刚度 EI、各链杆 EA 均为常数，当 EI 增大时，则梁截面 D 处弯矩代数值 M_D 增大。　　　　　　　　　　　　　　　　　　　　（　　）

8. 图 7-14（a）中 $+t$ ℃为升温值，$-t$ ℃为降温值，则其弯矩图形状如图 7-14（b）所示。　　　　　　　　　　　　　　　　　　　　　　　　　　　　　　　　　　（　　）

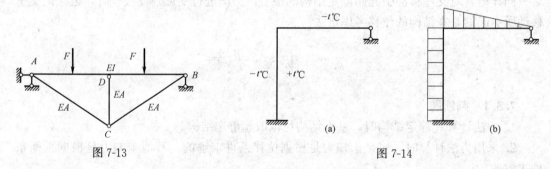

图 7-13　　　　　　　　　　　　图 7-14

9. 如图 7-15（a）所示结构中拉杆轴力 F_{NAB}，图 7-15（b）所示结构中水平反力 F_{BH}，则它们之间的关系是：当拉杆刚度 EA 为有限值时 $F_{NAB} < F_{BH}$，当拉杆刚度 EA 为

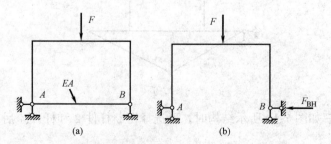

图 7-15

无穷大时 $F_{NAB}=F_{BH}$。 ( )

10. 如图 7-16（a）、（b）为同一结构的两种外因状态，若都选图 7-16（c）为基本结构计算，则它们的力法典型方程：主系数相同、副系数相同、自由项不同、右端项不同。
( )

11. 如图 7-17 所示结构的 M 图是正确的。 ( )

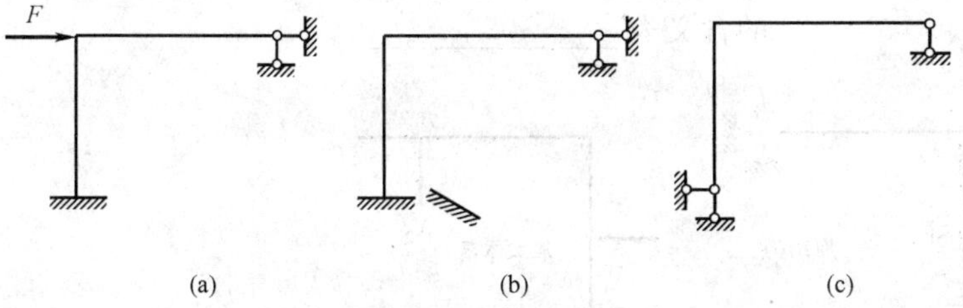

图 7-16

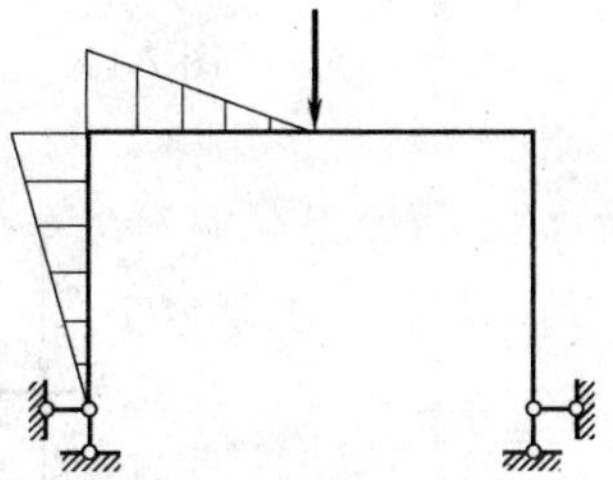

图 7-17

12. 在力法中，系数 $\delta_{ij}=\delta_{ji}$ 是由位移互等定理得到的结果。 ( )
13. 超静定结构中，刚度越大的杆件受力也越大。 ( )
14. 用单位荷载法计算超静定位移时，虚拟状态中单位荷载可以施加在任一基本结构上。 ( )
15. 超静定结构由温度变化引起的位移计算方法，与静定结构完全相同。 ( )

7.3.2 填空题

1. 如图 7-18 所示各结构的超静定次数分别为：(a) _____、(b) _____、(c) _____、(d) _____、(e) _____、(f) _____、(g) _____、(h) _____。

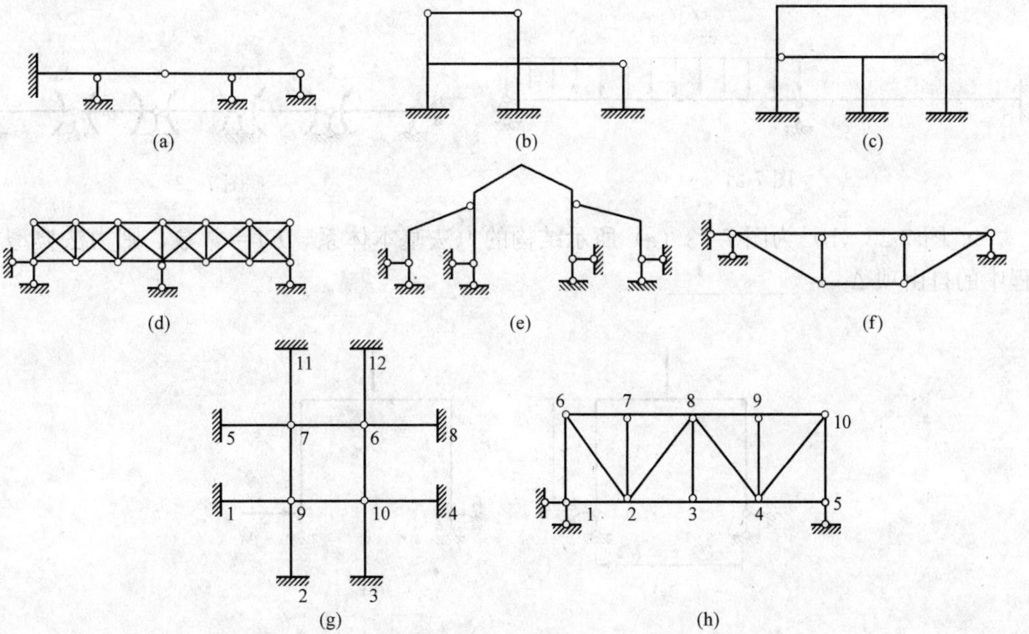

图 7-18

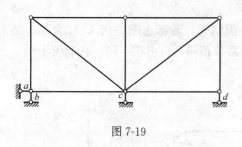

图 7-19

2. 在如图 7-19 所示结构中，杆 a、杆 b、杆 c、杆 d 中不能作为多于约束去掉是_____。

3. 力法计算的基本未知量是_____。

4. 如图 7-20 所示结构的力法典型方程 $\delta_{21}X_1+\delta_{22}X_2+\Delta_{2P}=0$ 中，等号左边各项之和表示的含义为_____，其中 δ_{21} 的含义为_____。

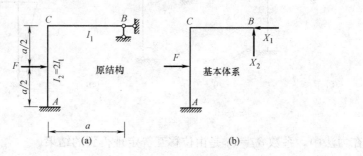

图 7-20

5. 力法方程是沿基本未知量方向的_____。

6. 力法典型方程的等号左侧各项代表_____，右侧代表_____。

7. 如图 7-21 所示连续梁采用力法求解时，最简便的基本结构是_____。

8. 如图 7-22 所示为五跨连续梁采用力法求解时的基本体系和基本未知量，其系数 δ_{ij} 中为零的是_____，_____，_____。

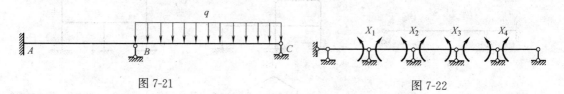

图 7-21   图 7-22

9. 图 7-23（b）为图 7-23（a）所示结构的力法基本体系，$EI=$ 常数，则力法典型方程中的自由项 $\Delta_{1P}=$ _____。

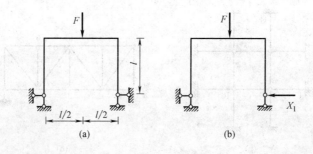

图 7-23

10. 如图 7-24 所示两刚架的 EI 分别为 $EI=1$ 和 $EI=10$，这两个刚架的内力_____。（填相同或不相同）

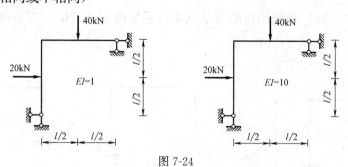

图 7-24

11. 图 7-25（b）为图 7-25（a）所示结构的力法基本体系，则力法方程中等于零的系数和自由项有：_____。

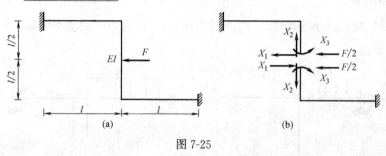

图 7-25

12. 如图 7-26（a）所示桁架结构中 EA 为常数，取力法基本体系如图 7-26（b）所示，则力法典型方程中的自由项 $\Delta_{1P}=$_____。

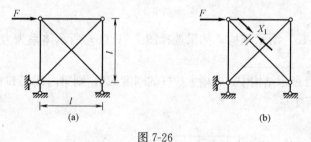

图 7-26

13. 如图 7-27（a）所示桁架结构，取其力法基本体系如图 7-27（b）所示，则力法典型方程中的系数 $\delta_{11}=$_____。

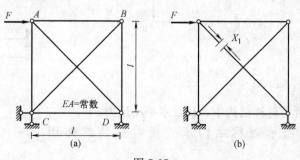

图 7-27

14. 如图 7-28 所示结构，若选择切断水平杆的体系为力法基本体系，则力法方程中主系数 $\delta_{11}=$ _____。

15. 如图 7-29（a）所示结构的力法基本体系见图 7-29（b），则力法方程中主系数 $\delta_{11}=$ _____。

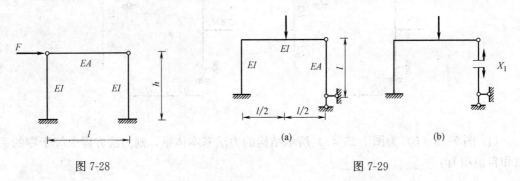

图 7-28　　　　　　图 7-29

16. 如图 7-30（a）所示结构，选择图 7-30（b）作为力法的基本体系，则力法典型方程为_____。

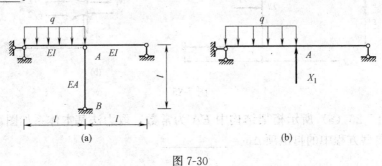

图 7-30

17. 如图 7-31（a）所示结构，如果选择图 7-31（b）所示体系为力法的基本体系，则其力法典型方程为_____。

18. 在如图 7-32 所示结构中，若增大拉杆的刚度 EA，则梁内截面 D 的弯矩_____。（填增大、减小或不变）

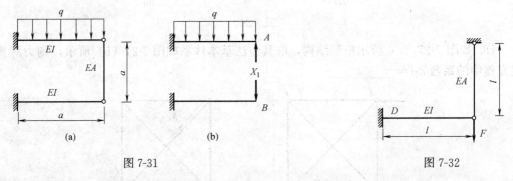

图 7-31　　　　　　图 7-32

19. 如图 7-33 所示对称结构中，B 处水平支反力 $F_{BH}=$ _____。

20. 如图 7-34 所示对称结构承受反对称荷载作用，杆 AB 内力中为零的是_____。

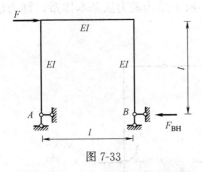

图 7-33

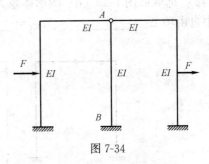

图 7-34

21. 如图 7-35 所示对称结构承受反对称荷载作用，截面 C 的内力中不为零的是_____。

22. 如图 7-36 所示对称结构最少可以简化成_____次超静定计算。

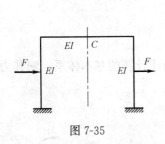

图 7-35

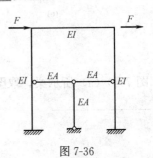

图 7-36

23. 如图 7-37（a）所示结构力法计算时，若取图 7-37（b）所示体系为力法基本体系，且已知线胀系数为 α，则力法方程中自由项 $\Delta_{1t}=$ _____。

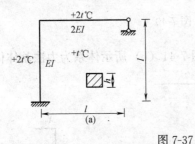

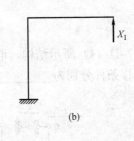

图 7-37

24. 如图 7-38（a）所示结构，其力法基本体系可取如图 7-38（b）中所示四种情况，其中力法方程右端项完全相同的是_____。

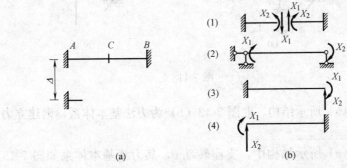

图 7-38

25. 选取如图 7-39（b）所示体系为图 7-39（a）所示结构的力法基本体系，则力法方程中自由项 $\Delta_{1c}=$ _____、$\Delta_{2c}=$ _____。

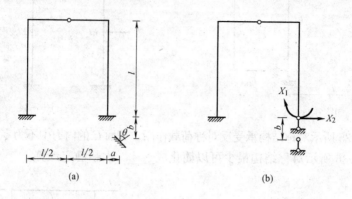

图 7-39

26. 如图 7-40（a）所示梁，取图 7-40（b）为力法计算的基本体系，则其力法典型方程为 _____。

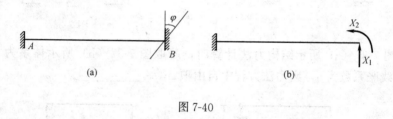

图 7-40

27. 对如图 7-41（a）所示结构，取图 7-41（b）所示体系为力法基本体系，则建立力法典型方程的位移条件分别为 _____。

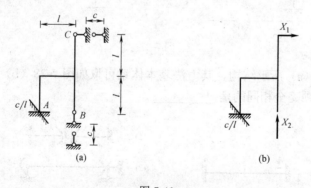

图 7-41

28. 如图 7-42（a）所示结构，取图 7-42（b）为力法基本体系，则建立力法典型方程的位移条件分别为 _____。

29. 如图 7-43（a）所示结构中，支座转动 θ，其力法基本体系如图 7-43（b）所示，则力法典型方程中的自由项 $\Delta_{1c}=$ _____。

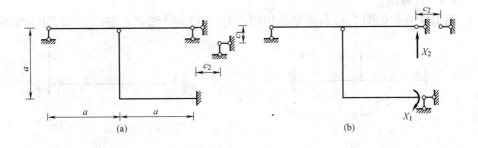

图 7-42

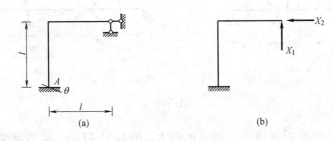

图 7-43

30. 如图 7-44 所示各超静定结构的弯矩图形状，其中正确的是_____。

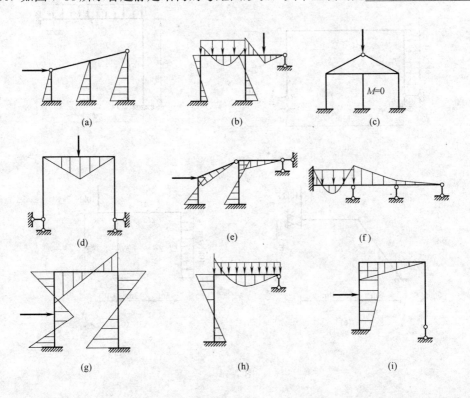

图 7-44

7.3.3 计算题

1. 用力法分析如图 7-45 所示梁结构的内力，并作 M 图和 F_S 图。已知 EI 为常数。

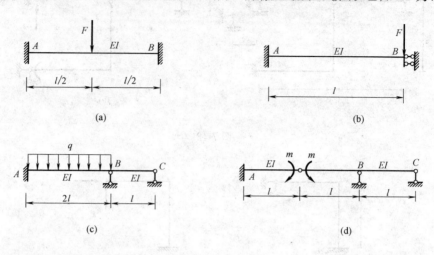

图 7-45

2. 用力法计算如图 7-46 所示各刚架的内力，并作其 M 图。除特别说明外，EI 均为常数。

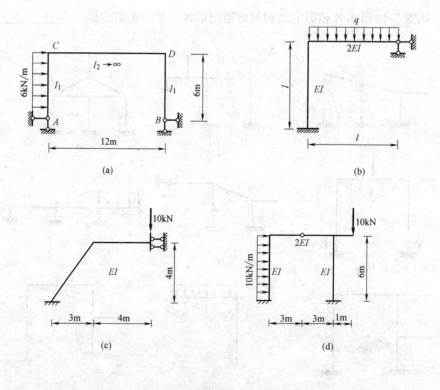

图 7-46

3. 用力法计算如图 7-47 所示各排架的内力，并作其 M 图。

4. 用力法计算如图 7-48 所示各桁架的轴力。已知各杆 $EA=$ 常数。

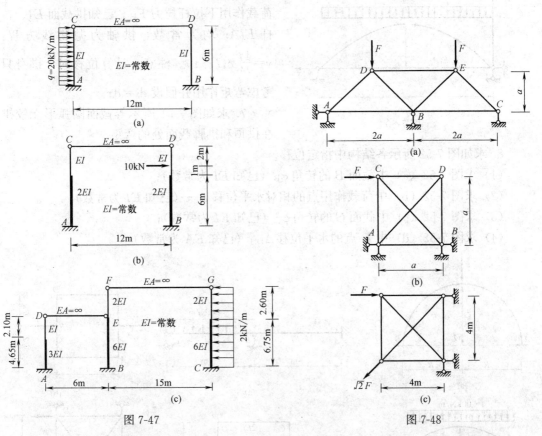

图 7-47

图 7-48

5. 用力法计算并作如图 7-49 所示组合结构中梁式杆的 M 图，并求链杆的轴力。

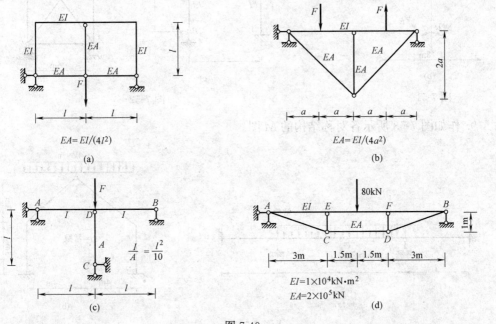

图 7-49

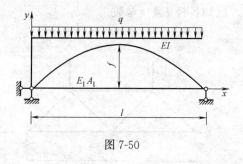

图 7-50

6. 求如图 7-50 所示带拉杆两铰拱在均布荷载作用下拉杆拉力 F_H。已知拱截面 EI、拉杆 E_1A_1 均为常数，拱轴为抛物线方程：$y=\dfrac{4f}{l^2}x(l-x)$。注意：计算位移时，拱身只考虑弯矩作用并假设 $ds=dx$。

7. 求如图 7-51 所示等截面圆弧形无铰拱在拱顶和拱脚截面处的弯矩。

8. 求如图 7-52 所示各结构中指定位移。

（1）求图 7-52（a）中截面 B 的转角 φ_B（已知 EI 为常数）；

（2）求图 7-52（b）中荷载作用点的相对水平位移 Δ_{EF}（已知 EI 为常数）；

（3）求图 7-52（c）中截面 C 的转角 φ_C（已知 EI 为常数）；

（4）求图 7-52（d）中 D 点的水平位移 Δ_{DH}（已知 EA 为常数）。

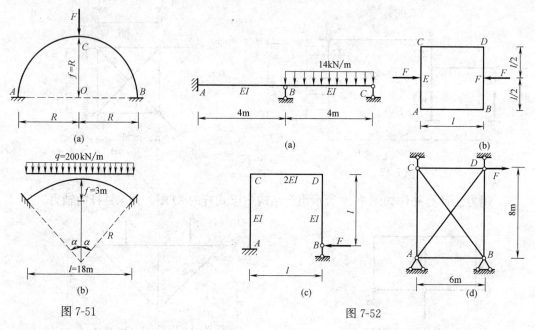

图 7-51　　　　　　　　　　　　图 7-52

9. 作如图 7-53 所示各对称结构的 M 图。

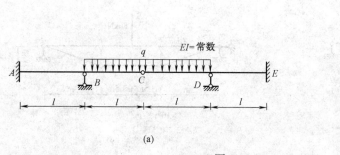

(a)

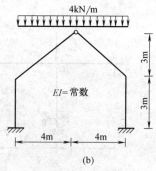

(b)

图 7-53（一）

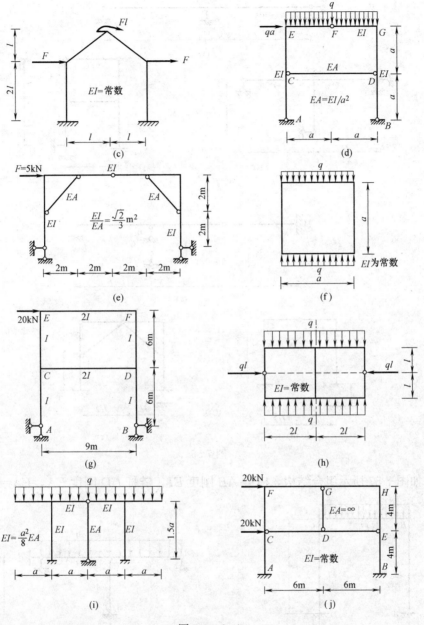

图 7-53（二）

10. 采用力法计算并作如图 7-54 所示各结构由于温度变化引起的 M 图。已知材料线膨胀系数为 α，矩形截面高度 $h=\dfrac{l}{10}$，各杆 EI 均为常数。

11. 采用力法计算并作如图 7-55 所示结构由于支座移动引起的 M 图。已知各杆 $EI=$ 常数，图 7-55（c）中不考虑链杆的轴向变形。

12. 如图 7-56 所示刚架中，横梁刚度 EI_b，柱刚度 EI_c，梁柱刚度比 $\alpha=\dfrac{EI_b}{EI_c}$，分析该刚架结构的弯矩分布随梁柱刚度比 α 的变化而变化情况。

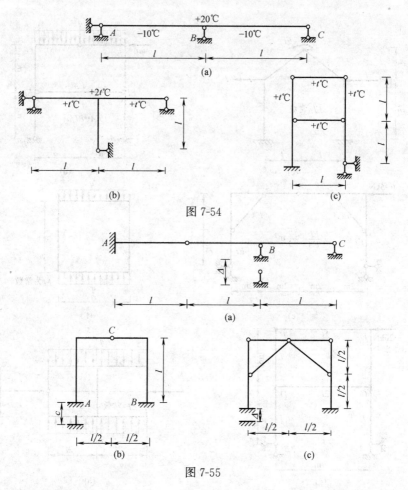

图 7-54

图 7-55

13. 如图 7-57 所示组合结构,横梁 AB 刚度 EI,链杆 CD 刚度 EA,$EA=10EI/l^2$。

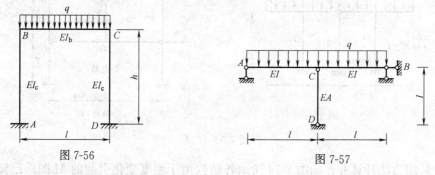

图 7-56　　　　　图 7-57

按切断和去掉杆 CD 两种不同的基本结构,建立力法典型方程并进行计算。并讨论 $A \to 0$ 和 $A \to \infty$ 两种情况对结构内力分布的影响。

7.4　习题参考答案

7.4.1　判断题

1. √　2. √　3. ×　4. ×　5. ×　6. ×　7. ×　8. √　9. √　10. √　11. ×

12. √ 13. × 14. √ 15. ×

7.4.2 填空题

1. 2次 6次 7次 7次 3次 1次 12次 6次 2. 杆a 3. 多余约束力
4. 悬臂刚架在多余未知力 X_1、X_2 和荷载 F 共同作用下产生的 B 点竖向位移 悬臂刚架在单位力 $X_1=1$ 作用下产生的 B 点竖向位移 5. 位移协调方程
6. 基本体系沿基本未知力方向的位移 原结构沿基本未知力方向的位移
7. 将支座 A 改为固定铰支座，B 处改为完全铰 8. δ_{13} δ_{14} δ_{24}
9. $-Fl^3/(8EI)$ 10. 相同
11. δ_{23} δ_{31} Δ_{2P} Δ_{1P} 12. $3.414Fl/(EA)$
13. $4.828l/(EA)$ 14. $l/(EA)+2h^3/(3EI)$
15. $4l^3/(3EI)+l/(EA)$ 16. $\delta_{11}X_1+\Delta_{1P}=-X_1l/EA$
17. $\delta_{11}X_1+\Delta_{1P}=-X_1l/EA$ 18. 减小 19. $F/2$
20. 轴力 21. 剪力 22. 1
23. $1.5\alpha tl-3\alpha tl^2/(2h)$ 24. （1）、（2）与（3）
25. $2b/l$ $-2b$
26. $\delta_{11}X_1+\delta_{12}X_2=0$，$\delta_{21}X_1+\delta_{22}X_2=-\varphi$ 27. $\Delta_1=c$，$\Delta_2=-c$
28. $\Delta_1=0$，$\Delta_2=-c_1$ 29. $-l\theta$ 30. (a)、(c)

7.4.3 计算题

1.
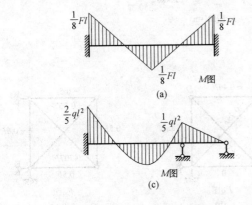
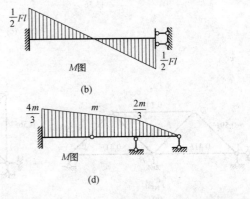

2.
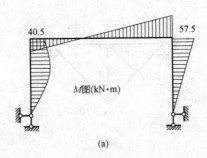
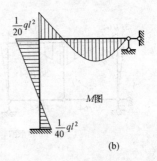

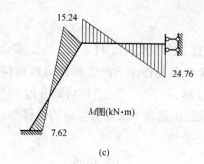
(c)

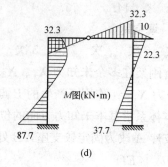
(d)

3.

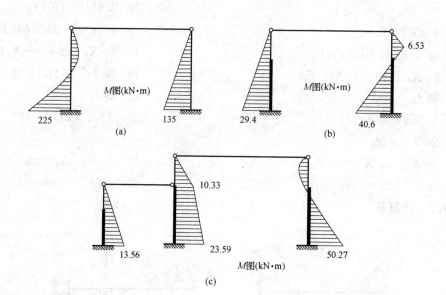

4.

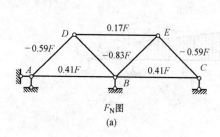
(a)

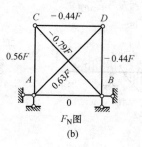
(b)

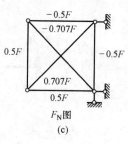
(c)

5.

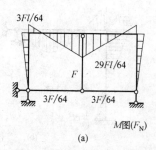
(a)

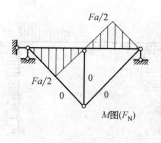
(b)

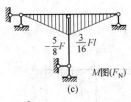
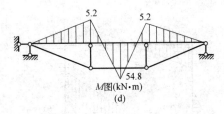

6. $F_H = \dfrac{ql^2}{8f} \dfrac{1}{1+\dfrac{15EI}{8E_1A_1f^2}}$

7. （a） $F_H=0.46F$，$M_A=M_B=0.11FR$（外侧受拉）

   （b） 拱顶：$M=76.65\text{kN}\cdot\text{m}$，拱脚：$M=-206.79\text{kN}\cdot\text{m}$

8. （a） $\varphi_B=\dfrac{16}{EI}$（顺时针）

   （b） $\Delta_{EF}=\dfrac{5Fl^3}{192EI}$（→←）

   （c） $\varphi_C=\dfrac{Fl^2}{7EI}$（逆时针）

   （d） $\Delta_{DH}=\dfrac{15.26F}{EA}$（→）

9.

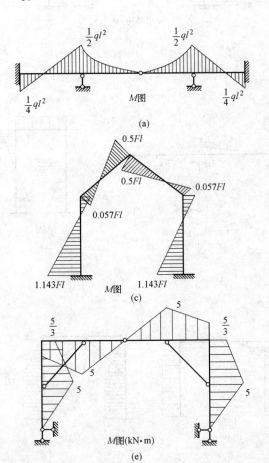
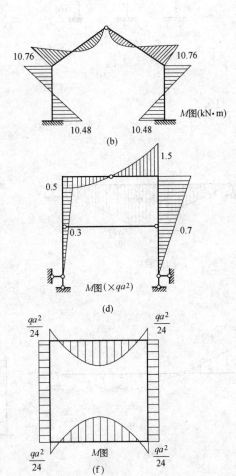

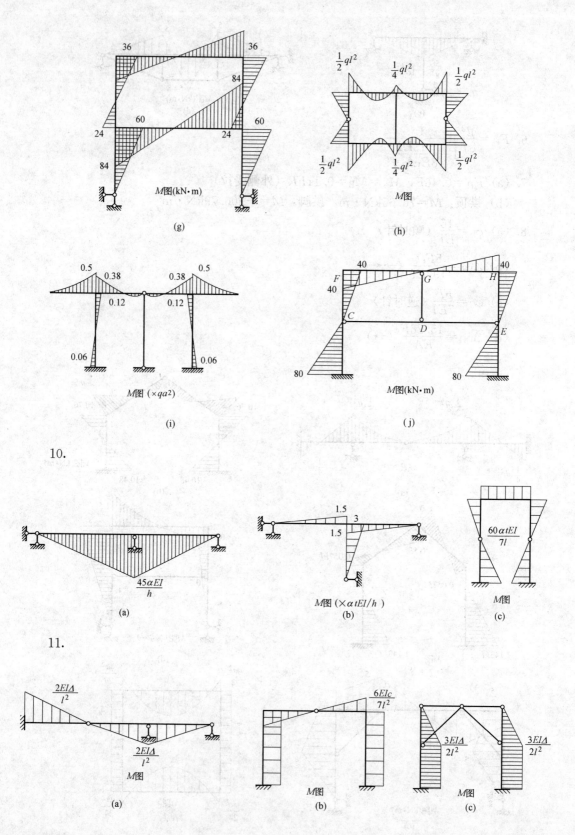

12.

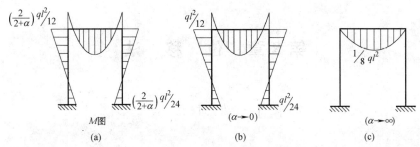

当 α 由零开始逐渐增加至很大时，横梁跨中弯矩不断增大（由 $ql^2/24$ 增大至 $ql^2/8$），柱顶弯矩不断减小（由 $ql^2/12$ 减小至 0）。

13.

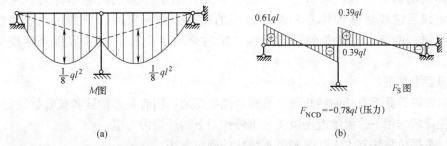

注意：当 $A \to 0$ 时，横梁相当于简支梁；当 $A \to \infty$ 时横梁相当于连续梁。

第 8 章 位 移 法

8.1 学习要求

本章讨论用位移法计算超静定结构。位移法是将结构拆成杆件，以杆件的内力和位移关系作为计算的基础，再把杆件组装成结构，这是通过各杆件在结点处力的平衡和变形的协调来实现的。位移法方程有两种表现形式，即直接写出平衡方程和建立基本体系的典型方程，两者是等价的。首先介绍了位移法的基本原理、基本未知量的确定以及位移法基本体系和基本方程的建立。作为应用，分别讨论了用位移法计算连续梁、刚架、排架等超静定结构。最后介绍了由转角位移方程直接建立位移法方程。

学习要求如下：

（1）掌握等截面直杆的转角位移方程，能熟练地运用有关形常数和载常数确定三种不同直杆在荷载作用下、温度改变及支座沉降作用下的杆端内力值；

（2）掌握位移法基本未知量和基本结构的确定方法；

（3）理解并掌握位移法的基本原理，以及位移法典型方程的建立方法；对典型方程的物理意义、典型方程中系数和自由项的物理意义和求解方法，以及运用叠加法作最后内力图等要有深刻理解；

（4）熟练掌握利用位移法计算连续梁、无侧移刚架及有侧移刚架结构的方法和解题步骤；

（5）掌握由转角位移方程直接利用平衡条件建立位移法方程；

（6）掌握位移法在计算对称结构中的应用；并能根据力法和位移法的共性和差异，对给定的结构能选择适当的计算方法；

（7）了解运用位移法计算支座移动和温度改变引起的结构内力。

其中，利用位移法计算有侧移刚架结构，以及由转角位移方程直接利用平衡条件建立位移法方程是学习难点。

8.2 基本内容

8.2.1 杆端内力正负号规定（图 8-1）

杆端弯矩 M_{AB}、M_{BA}：以绕杆端顺时针为正，逆时针为负；对结点或支座而言，截面弯矩以逆时针为正。

杆端剪力 F_{SAB}、F_{SBA}：以绕微段隔离体顺时针转动者为正，反之为负。

结点转角（杆端转角）θ_A、θ_B：顺时针转动为正。

两端垂直杆轴的相对线位移 Δ_{AB}：以使杆件顺时针转动为正，反之为负。

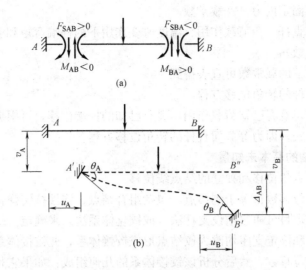

图 8-1 杆端内力及杆端位移的正负号规定

8.2.2 等截面直杆的转角位移方程——位移法计算的基础

(1) 由杆端位移求杆端力——形常数

考虑三种不同情况：两端固定直杆、一端固定另一端铰支的直杆及一端固定另一端滑动支承的直杆。由杆端位移求杆端内力的公式（刚度方程），见表 8-1，这里 $i=EI/l$。

等截面直杆的刚度方程 表 8-1

类型	计算简图	杆端内力（刚度方程）	备注
两端固定		$M_{AB}=4i\theta_A+2i\theta_B-6i\dfrac{\Delta_{AB}}{l}$ $M_{BA}=4i\theta_B+2i\theta_A-6i\dfrac{\Delta_{AB}}{l}$ $F_{SAB}=F_{SBA}=-\dfrac{6i\theta_A}{l}-\dfrac{6i\theta_B}{l}+12\dfrac{i\Delta_{AB}}{l^2}$	
一端固定一端铰支		$M_{AB}=3i\theta_A-3i\dfrac{\Delta_{AB}}{l}$ $M_{BA}=0$ $F_{SAB}=F_{SBA}=-3i\dfrac{\theta_A}{l}+3i\dfrac{\Delta_{AB}}{l^2}$	$\theta_B=-\dfrac{1}{2}\theta_A+\dfrac{3}{2}\dfrac{\Delta_{AB}}{l}$，$\dfrac{\Delta_{AB}}{l}$ 不独立，是 θ_A、Δ_{AB} 的函数
一端固定一端滑动		$M_{AB}=i\theta_A-i\theta_B$ $M_{BA}=i\theta_B-i\theta_A$ $F_{SAB}=F_{SBA}=0$	$\dfrac{\Delta_{AB}}{l}=\dfrac{1}{2}(\theta_A+\theta_B)$ 不独立，Δ_{AB} 是 θ_A、θ_B 的函数

由杆端位移求出杆端弯矩后，杆端剪力可由平衡条件求出。表 8-1 中，杆端内力是根据图示方向的位移方向求得的，当计算某一结构时，应根据其杆件所受的实际位移方向，判断其杆端内力的正负号及受拉侧。

（2）由荷载求固定内力——载常数

对三种等截面直杆，在荷载作用、温度改变作用下的杆端弯矩和剪力，称为固端弯矩和固端剪力（载常数）。

常见荷载作用下的载常数可查表得到。

（3）等截面直杆的转角位移方程

对等截面直杆，既有已知荷载作用，又有已知的杆端位移，可根据叠加原理，写出其杆端力的一般表达式，即为等截面直杆的转角位移方程。

8.2.3 位移法的基本未知量

包括独立的结点角位移和独立的结点线位移。

独立的结点角位移数目等于刚结点（包括组合结点、弹性抗转弹簧）的数目。

结点线位移的数目可通过增设支杆法（或铰化体系法）来确定。铰化体系法就是将原结构中所有刚结点和固定支座均改为铰结点形成铰接体系，此铰接体系的自由度数就是原结构的独立结点线位移数。然后分析该铰接体系的几何组成：如果它是几何不变的，说明结构无结点线位移；相反，如果铰接体系是几何可变的，再看最少需要增设几根附加支杆才能确保体系成为几何不变，或者说使此铰接体系成为几何不变而需添加的最少支杆数就等于原结构的独立结点线位移数目。

8.2.4 位移法的基本结构和基本体系

在原结构发生独立位移的结点上加上相应的附加约束后，使原结构成为彼此独立的单跨超静定梁的组合体，称为位移法的基本结构。施加附加约束包括两类：

（1）在每个刚结点上施加附加刚臂"▼"，控制刚结点的转动，但不能限制结点的线位移；

（2）在每个产生独立结点线位移的结点上，沿线位移方向施加附加链杆，控制该结点该方向的线位移。

基本结构在基本未知量及原荷载共同作用下，称为位移法的基本体系。

基本体系可以用来代替原结构进行计算。

8.2.5 位移法的典型方程

（1）典型方程的建立

位移法计算超静定结构，是以独立的结点位移（包括角位移和线位移）作为基本未知量，以相应的基本体系为研究工具，根据基本体系在附加约束（包括附加刚臂和附加支杆）处产生的附加约束力与原结构受力相同的条件，建立位移法典型方程（平衡方程）如下：

$$\begin{cases} k_{11}\Delta_1 + k_{12}\Delta_2 + \cdots + k_{1n}\Delta_n + F_{1P} = 0 \\ k_{21}\Delta_1 + k_{22}\Delta_2 + \cdots + k_{2n}\Delta_n + F_{2P} = 0 \\ \cdots\cdots \\ k_{n1}\Delta_1 + k_{n2}\Delta_2 + \cdots + k_{nn}\Delta_n + F_{nP} = 0 \end{cases}$$

第 i 个方程的物理意义是：基本结构在荷载和各结点位移（Δ_1、Δ_2……Δ_n）共同作用下第 i 个附加约束中的约束力等于零。

（2）系数

主对角线上的系数 k_{ii} 称为主系数，它表示基本结构在第 i 个结点单位位移（$\Delta_i = 1$）

单独作用时在第 i 个附加约束中产生的约束力。k_{ii} 恒大于零。

$k_{ij}(i\neq j)$ 称为副系数，它表示基本结构在第 j 个结点单位位移（$\Delta_j=1$）单独作用时在第 i 个附加约束中产生的约束力。根据反力互等定理，有：

$$k_{ij}=k_{ji}$$

k_{ij} 可为正，可为负，也可等于零。

系数表示由单位位移引起的附加约束的反力（或反力矩）。结构的刚度愈大，这些反力（或反力矩）的数值也愈大，故这些系数又称为结构的刚度系数，位移法典型方程又称为结构的刚度方程，位移法也称为刚度法。

（3）自由项 F_{iP}

表示荷载单独作用于基本结构时在第 i 个附加约束中产生的约束力。F_{iP} 可为正，可为负，也可等于零。

（4）系数和自由项的计算

若系数、自由项是附加刚臂中产生的反力矩，应由刚结点处力矩平衡条件求得；若系数、自由项是附加支杆处产生的附加反力，应由附加支杆方向上力的投影平衡条件求得。为此，先作出基本结构在结点单位位移（$\Delta_i=1$）单独作用下的内力图 $\overline{M}_i$，以及基本结构在荷载单独作用下的内力图 M_P，再由结点的力矩平衡条件或截面的力投影平衡条件算出各系数和自由项。

系数和自由项均以与该附加约束所设位移方向一致为正。

8.2.6 位移法的计算步骤

（1）确定原结构的基本未知量 Δ_i（包括独立的结点角位移和结点线位移），并得到原结构的基本结构和基本体系。

（2）建立位移法典型方程。

（3）计算系数和自由项

先作出基本结构在各单位位移 $\Delta_i=1$ 单独作用下的内力图 $\overline{M}_i$，以及基本结构在荷载单独作用下的内力图 M_P，再由平衡条件计算得到系数和自由项。

（4）解联立方程组，求解基本未知量 Δ_i。

（5）原结构内力的计算是根据基本结构在各单位位移单独作用下和在荷载单独作用下的内力图，由叠加原理得原结构中任一截面的弯矩为：由叠加法计算结构内力，并作内力图：

$$M=\sum_{i=1}^{n}\overline{M}_i\Delta_i+M_P$$

再根据平衡条件由弯矩图作结构的剪力图和轴力图。

8.2.7 直接由平衡条件建立位移法方程

根据转角位移方程直接利用原结构的静力平衡条件建立位移法的典型方程的步骤如下：

（1）以独立的结点角位移和结点线位移作为基本未知量。

（2）利用转角位移方程，直接写出各杆杆端力的表达式。

（3）建立平衡方程。

对应每一个独立结点角位移方向上，都可以写一个相应的结点力矩平衡方程；对应每一个独立结点线位移方向上，都可以写一个相应的截面投影平衡方程。平衡方程的数量正好与基本未知量的数量相等，因而可解出全部基本未知量。这些平衡方程即为位移法方程。

(4) 解位移法方程，求出基本未知量。

(5) 将求得的结点位移带回第 (2) 步中杆端力的表达式中，从而得到各杆端力，并可作出内力图。

8.2.8 对称性的利用

对称结构在对称荷载作用下，对称位置的结点角位移大小相等，转向相反；对称位置的线位移大小相等，方向相同，因此位移法未知量减少一半。对称结构在反对称荷载作用下，对称位置的结点角位移大小相等，转向相同；对称位置的线位移大小相等，方向相反，位移法未知量也减少一半。

对称结构在对称荷载或反对称荷载作用下可以取半结构计算。关于半结构的取法，同第 7 章力法。

8.2.9 支座移动时的位移法计算

超静定结构支座移动引起的内力，采用位移法计算时，基本未知量和位移法典型方程以及解题步骤都与荷载作用时相同，不同的只有固端内力项，即典型方程中由荷载作用产生的附加约束力 F_{iP} 变成由已知支座位移产生附加约束力 $F_{i\Delta}$。这里，$F_{i\Delta}$ 表示基本结构由于支座移动单独作用时沿 Δ_i 方向产生的附加约束反力。

如图 8-2 (a) 所示连续梁中 B 支座处深陷 Δ_B。以 B 处转角位移作为基本未知量 Δ_1，位移法基本体系如图 8-2 (b) 所示，位移法方程为：

$$k_{11}\Delta_1 + F_{1\Delta} = 0$$

由 $\overline{M}_1$ 图（图 8-2c）确定 $k_{11}=7i$。基本结构在 Δ_B 单独作用下的弯矩图 M_Δ 如图 8-2 (d) 所示，由此得 $F_{1\Delta}=3i\Delta_B/l$，解得：$\Delta_1=-3\Delta_B/(7l)$。由叠加法 $M=\overline{M}_1\Delta_1+M_\Delta$ 作弯矩图，如图 8-2 (e) 所示。

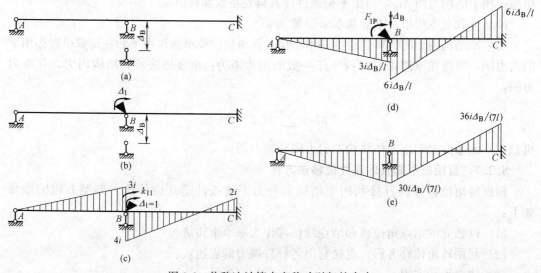

图 8-2　位移法计算支座移动引起的内力
(a) 计算简图；(b) 基本体系；(c) $\overline{M}_1$ 图；(d) M_Δ 图；(e) M 图

8.2.10　温度改变时的位移法计算

超静定结构温度变化引起的内力，采用位移法计算时，基本未知量、基本方程以及解题步骤都与荷载作用、支座移动时相同，不同的只有固端内力项，即典型方程中自由项 F_{it} 是由温度变化产生的。这里，F_{it} 表示基本结构由于温度变化单独作用时沿 Δ_i 方向产生的附加约束反力。

为确定 F_{it}，需作出基本结构在温度变化下的弯矩图 M_t，根据平衡条件求解。

作 M_t 图时尤其要注意：除了杆件内外温差使杆件弯曲，产生一部分固端弯矩外，温度改变时杆件的轴向变形也不能忽略，因为这种轴向变形会使结点产生位移，使杆件两端产生相对横向位移，从而又产生一部分固端弯矩。

为了简便，可以将杆件两侧的温度改变 t_1 和 t_2 对杆轴分为正、反对称两部分（图 8-3）：平均温度变化 $t=(t_1+t_2)/2$ 和温度改变差值 $\pm\Delta t/2=\pm(t_2-t_1)/2$，其中平均温度变化时各杆只产生伸长（或缩短），而温度改变差值下各杆不产生伸长（或缩短），分别计算这两部分温度变化在基本结构中所引起各杆件的固端弯矩，通过叠加得到自由项 F_{it} 值。

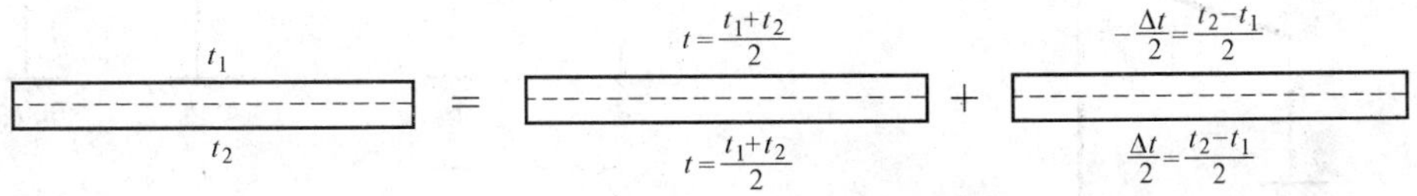

图 8-3　杆件温度改变的分解

8.2.11　混合法

混合法是指同时取结构的内力和结点位移作为基本未知量来计算超静定结构。对于每一个未知内力，必定可以列出一个与之相应的变形协调方程；对于每一个未知结点位移，总可以列出一个与之相应的平衡方程。将上述方程联立即可构成混合法求解超静定结构的基本方程。

对于具有支座链杆支撑的刚架，采用混合法求解是较简捷的。

8.3　本章习题

8.3.1　判断题

1. 力法和位移法的未知量数目都与结构的超静定次数有关。　　　　　　　　（　　）
2. 位移法典型方程的物理意义反映了原结构的位移协调条件。　　　　　　　（　　）
3. 位移法求解结构内力时，如果 M_P 图为零，则自由项 F_{1P} 一定为零。　　　（　　）
4. 超静定结构的杆端弯矩只取决于杆端位移。　　　　　　　　　　　　　　（　　）
5. 用位移法计算荷载作用下的超静定结构时，若采用各杆的相对刚度进行计算，所得到的结点位移不是结构的真正位移，但求出的结构内力是正确的。　　　（　　）
6. 如图 8-4 所示结构的位移法基本未知量的数目相同。　　　　　　　　　　（　　）
7. 如图 8-5 所示结构有四个结点位移：θ_A、θ_B、Δ_A、Δ_B，由于 $\theta_A=\theta_B=\Delta/a$，故只

有一个未知量 Δ 是独立的。( )

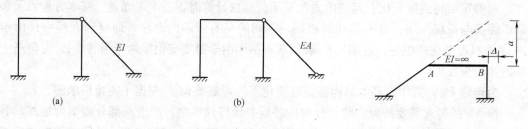

图 8-4　　　　　　　　　　　　　　图 8-5

8. 如图 8-6 所示结构有两个结点线位移 Δ_A 和 Δ_B，$\Delta_A = \Delta_B$。( )

9. 如图 8-7（a）所示，Δ_1、Δ_2 为位移法的基本未知量，杆件线刚度 i 为常数，则图 8-7（b）是 $\Delta_2 = 1$、$\Delta_1 = 0$ 时的弯矩图 $\overline{M}_2$。( )

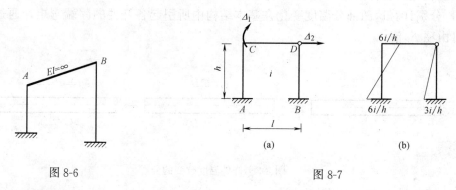

图 8-6　　　　　　　　　　　　　　图 8-7

10. 若不考虑轴向变形，如图 8-8 所示两个结构的弯矩图相同，结点位移也相同。( )

11. 如图 8-9 所示超静定结构，θ_D 为 D 点转角（顺时针为正），各杆线刚度 i 为常数，则该结构的位移法方程为 $11i\theta_D + ql^2/12 = 0$。( )

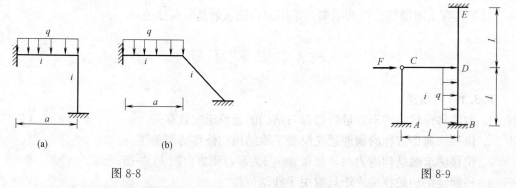

图 8-8　　　　　　　　　　　　　　图 8-9

12. 在位移法中，副系数 $k_{ij} = k_{ji}$ 是由反力互等定理得到的结果。( )

13. 从位移法的计算原理来看，该方法适用于各类结构。( )

14. 两端固定单跨水平梁，承受竖向荷载作用，若考虑轴向变形影响，该梁轴力不为零。( )

15. 超静定结构的杆端弯矩只取决于杆端位移。（　　）

8.3.2 填空题

1. 位移法的基本未知量是_____，位移法的典型方程体现了_____条件。

2. 位移法可解超静定结构，_____解静定结构；位移法的基本结构可以是静定的，_____是超静定的。（填可以或不可以）

3. 采用位移法求解如图 8-10 所示各结构时，独立的结点角位移数目和线位移数目分别为（图中若无特别指明，EI 均为常数）：图（a）：_____，图（b）：_____，图（c）：_____，图（d）：_____，图（e）：_____。

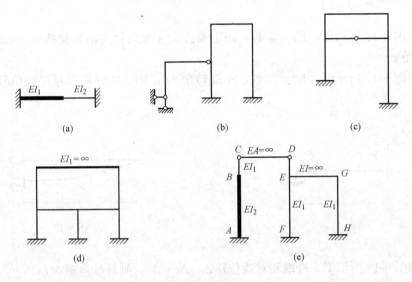

图 8-10

4. 在位移法计算中，_____将铰接端的角位移、滑动支承端的线位移作为基本未知量。（填可以或不可以）

5. 如图 8-11 所示单跨超静定梁的杆端相对线位移 $\Delta =$ _____。

6. 如图 8-12 所示单跨梁的线刚度为 i，当 A、B 两端对称发生图示单位转角时，则杆端弯矩 $M_{AB} =$ _____。

7. 杆 AB 的变形如图 8-13 中虚线所示，则 A 端杆端弯矩 $M_{AB} =$ _____。

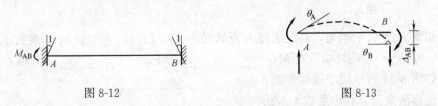

图 8-12　　　　　　　　图 8-13

8. 如图 8-14 所示连续梁中，若求得结点 B、C 处的转角分别为 θ_B、θ_C，则杆端弯矩 $M_{BC} =$ _____。

9. 如图 8-15 所示梁，$EI=$ 常数，当两端发生图示角位移时引起梁中点 C 处竖直位移 $\Delta_{CV}=$ _____。

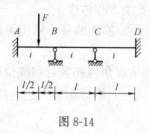

图 8-14

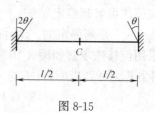

图 8-15

10. 如图 8-16 所示梁，$EI=$ 常数，固定端 A 发生顺时针方向角位移 θ，由此引起铰支端 B 的转角 $\varphi_B=$ _____。

11. 如图 8-17 所示梁，$EI=$ 常数，A 端转角 θ_A，则 AB 杆两端相对线位移 $\Delta=$ _____。

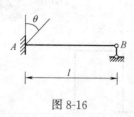

图 8-16

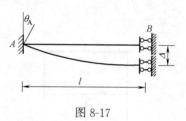

图 8-17

12. 如图 8-18 所示梁，杆端相对线位移 $\Delta=\Delta_1-\Delta_2$，则杆端弯矩 $M_{BA}=$ _____，已知杆长为 l。

13. 如图 8-19 所示结构，θ_D、Δ_B 为位移法基本未知量，则杆端弯矩 $M_{AB}=$ _____，已知线刚度 i 为常数。

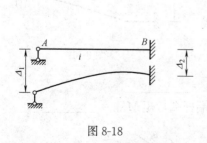

图 8-18

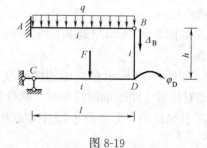

图 8-19

14. 如图 8-20 所示刚架，若已求得 B 点转角 $\theta_B=0.717/i$（顺时针）、C 点的水平位移 $\Delta_{CH}=7.579/i$（→），则杆端弯矩 $M_{AB}=$ _____、$M_{DC}=$ _____，已知 i 为常数。

15. 如图 8-21 所示梁中固端弯矩 $M_{BA}=$ _____。

16. 位移法典型方程中系数 k_{ji} 表示 _____。

17. 如图 8-22 所示等截面连续梁，采用位移法计算时，取结点 B 处转角位移 Δ_1（假设为顺时针）作为基本未知量，则位移法方程中的自由项 $F_{1P}=$ _____。

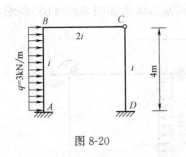
图 8-20

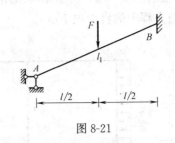
图 8-21

18. 如图 8-23 所示结构用位移法计算时，位移法方程中的系数 $k_{11}=$ _____，已知 i 为常数。

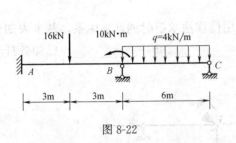
图 8-22

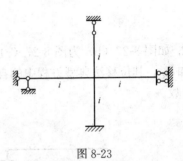
图 8-23

19. 如图 8-24（a）所示刚架采用位移法计算时，取基本体系如图 8-24（b）所示，则位移法方程中自由项 $F_{1P}=$ _____，已知各杆刚度为常数。

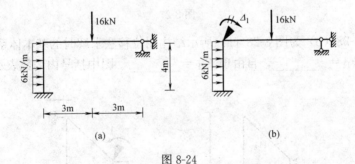
图 8-24

20. 如图 8-25（a）所示结构采用位移法计算时，取基本体系如图 8-25（b）所示，则位移法典型方程中的系数 $k_{11}=$ _____、$k_{22}=$ _____，已知 EI 为常数。

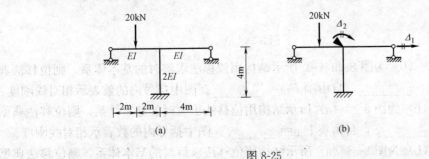
图 8-25

21. 如图 8-26（a）所示结构采用位移法计算，其基本体系如图 8-26（b）所示，则位移法典型方程中的自由项 $F_{1P}=$ _____、$F_{2P}=$ _____。

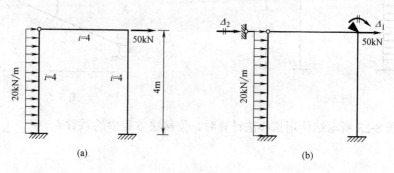

图 8-26

22. 如图 8-27（b）为图 8-27（a）所示结构用位移法求解时的基本体系，基本未知量有 Δ_1 和 Δ_2，其位移法典型方程中的自由项 $F_{1P}=$ _____、$F_{2P}=$ _____，已知各杆刚度为常数。

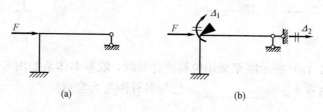

图 8-27

23. 如图 8-28（b）为图 8-28（a）所示结构用位移法求解时的基本体系，则位移法典型方程中系数 $k_{11}=$ _____，自由项 $F_{2P}=$ _____。图中括号内的数表示相对线刚度。

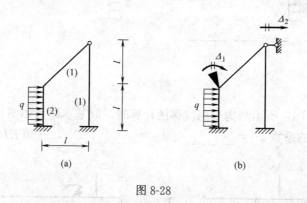

图 8-28

24. 如图 8-29（b）为图 8-29（a）所示结构用位移法求解时的基本体系，则位移法典型方程中系数 $k_{11}=$ _____，自由项 $F_{1P}=$ _____。图中括号内的数表示相对线刚度。

25. 图 8-30（b）为图 8-30（a）所示结构用位移法求解时的基本体系，则位移法典型方程中系数 $k_{22}=$ _____，自由项 $F_{2P}=$ _____。图中括号内的数表示相对线刚度。

26. 图 8-31（b）为图 8-31（a）所示结构用位移法求解时的基本体系，则位移法典型

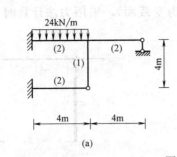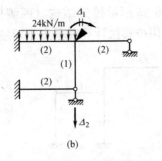

图 8-29

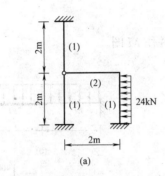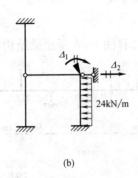

图 8-30

方程中系数 $k_{11}=$ _____，自由项 $F_{1P}=$ _____。图中括号内的数表示相对线刚度。

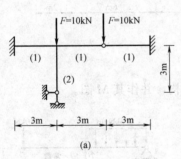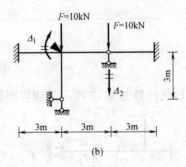

图 8-31

27. 如图 8-32 所示结构，用位移法求解得杆端弯矩 $M_{BA}=$ _____。
28. 如图 8-33 所示刚架，各杆线刚度均为 i，则结点 A 的转角 $\varphi_A=$ _____。
29. 如图 8-34 所示结构，力法计算时基本未知量个数为 _____。当 EA、EI 为有限大时，位移法计算的基本未知量个数为 _____。

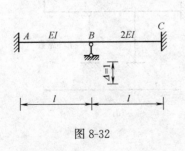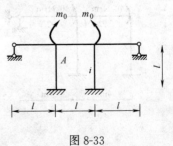

图 8-32　　　　　　　　　图 8-33

30. 如图 8-35 所示排架结构（两侧柱均为变截面），采用力法计算时基本未知量有_____个，采用位移法计算时基本未知量有_____个。

图 8-34　　　　　　　　　　　　图 8-35

8.3.3 计算题

1. 采用位移法计算图 8-36 所示梁结构，并作 M 图。

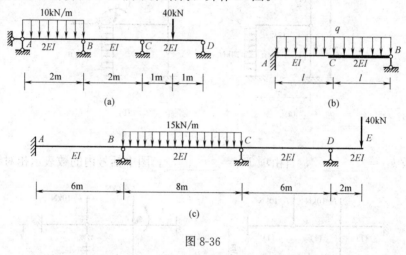

图 8-36

2. 用位移法计算图 8-37 所示无侧移刚架结构，并作其 M 图。

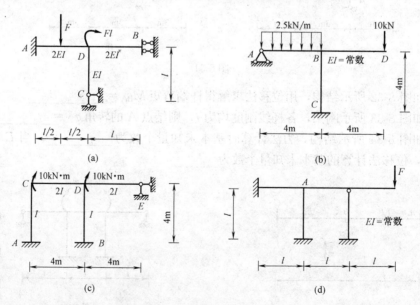

图 8-37

3. 用位移法计算如图 8-38 所示有侧移刚架结构，并作其 M 图。

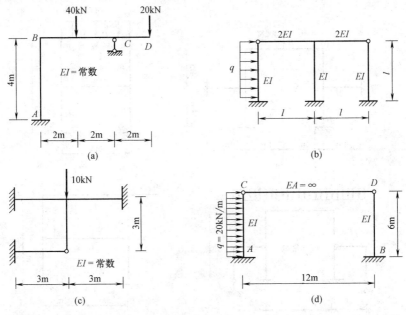

图 8-38

4. 用位移法计算如图 8-39 所示结构，并作其 M 图。

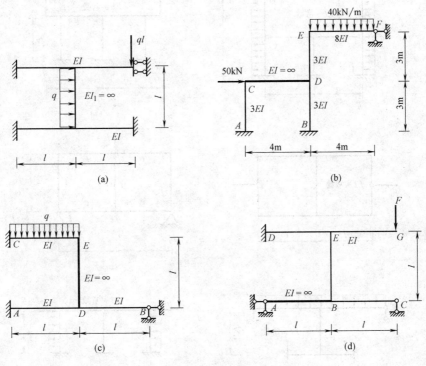

图 8-39

5. 采用位移法作如图 8-40 所示对称结构，并绘其 M 图。

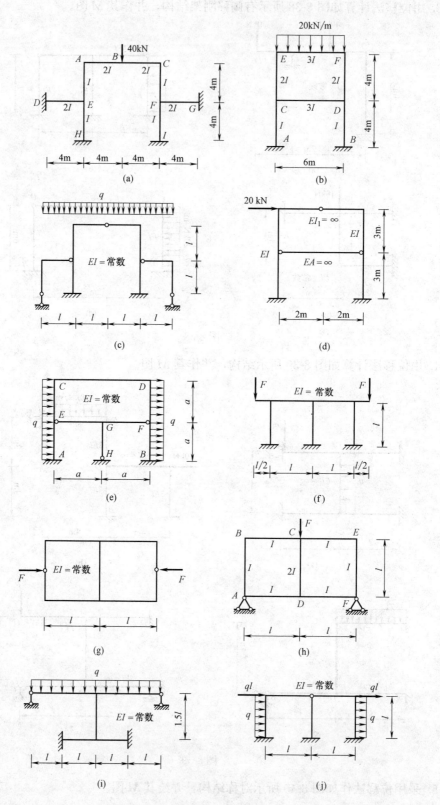

图 8-40

8.4 习题参考答案

8.4.1 判断题
1. × 2. × 3. × 4. × 5. √ 6. × 7. √ 8. × 9. √
10. × 11. × 12. √ 13. √ 14. × 15. ×

8.4.2 填空题
1. 独立的结点位移 平衡 2. 可以 可以 3. 1，1 4，2 4，3 3，2 1，3
4. 可以 5. $\Delta_2-\Delta_1$ 6. $2i$
7. $-4i\theta_A+2i\theta_B-6i\Delta_{AB}/l$ 8. $4i\theta_B+2i\theta_C$ 9. $3l\theta/8$（↓）
10. $\theta/2$（逆时针） 11. $\theta_A l/2$ 12. $\dfrac{3i(\Delta_1-\Delta_2)}{l}$
13. $\dfrac{-3i\Delta_B}{l}-\dfrac{ql^2}{8}$ 14. -13.9 -5.68 15. $3Fl/16$
16. 基本体系中当第i个结点位移等于单位位移时，产生的第j个附加约束中的反力（矩）
17. $4\text{kN}\cdot\text{m}$ 18. $8i$ 19. -10
20. $0.375EI$ $3.5EI$ 21. 0 -80kN 22. 0 $-F$
23. 11 $-ql/2$ 24. 17 32 25. 4.5 -8
26. 13 0 27. $-8i/l$ 28. $m_0/(9i)$（顺时针）
29. 4个 6个 30. 1 5

8.4.3 计算题

1.

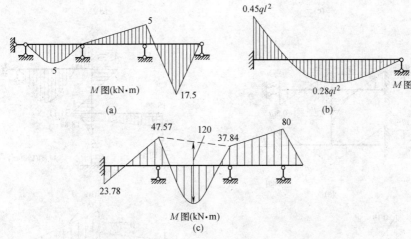

2.

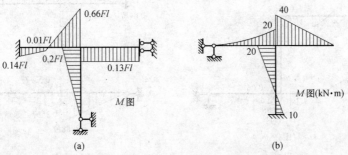

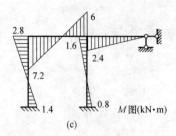

(c)

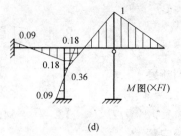

(d)

3.

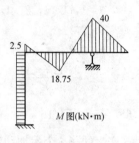

(a)

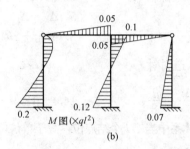

(b)

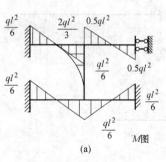

(c)

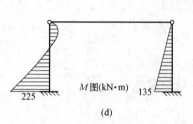

(d)

4.

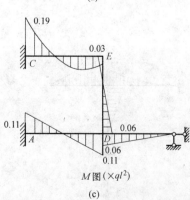

(a)

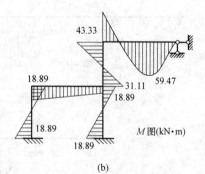

(b)

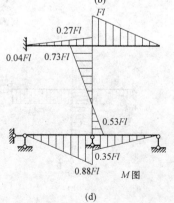

(c)   (d)

5.

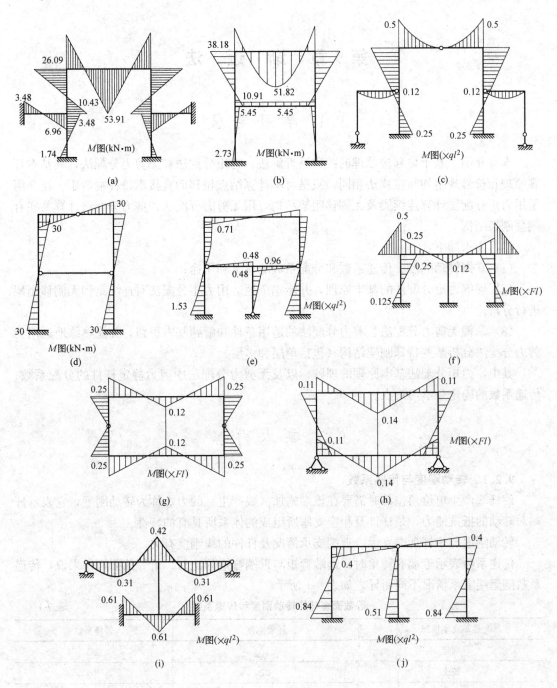

第9章 渐 近 法

9.1 学习要求

本章介绍了基于位移法原理的两种渐近解法：力矩分配法和无剪力分配法，其基本计算原理和符号规定均与位移法相同，只是可不计算结点位移而直接求得杆端弯矩。还介绍了用力矩分配法计算连续梁及无侧移刚架结构，用无剪力分配法、剪力分配法计算某些有侧移刚架结构。

学习要求如下：

（1）掌握转动刚度、传递系数和分配系数的意义和用途；

（2）理解力矩分配法的基本原理，并能熟练地运用力矩分配法对连续梁和无侧移刚架进行分析；

（3）掌握无剪力分配法、剪力分配法的适用条件和解题基本思路，并能熟练地运用无剪力分配法分析某些特殊刚架结构（包括单层和多层）。

其中，力矩分配法基本原理的理解，以及无剪力分配法中剪力静定杆件的分配系数、传递系数的确定是学习难点。

9.2 基本内容

9.2.1 转动刚度与传递系数

使杆端产生单位角位移时需要在该端施加（或产生）的力矩称为转动刚度，它表示杆端对转动的抵抗能力，是杆件及相应支座所组成的体系所具有的特性。

转动刚度与该杆远端支承、近端支承情况及杆件的线刚度有关。

传递系数表示近端有转角时，远端弯矩与近端弯矩的比值。对等截面杆件来说，传递系数随远端支承情况不同而异，如表 9-1 所示。

等截面直杆的转动刚度和传递系数 表 9-1

远端支承情况	转动刚度	传递系数
固定	$4i$	0.5
铰支	$3i$	0
定向支座	i	-1
自由或轴向支杆	0	—

9.2.2 分配系数

各杆端在结点 A 的分配系数等于该杆在 A 端的转动刚度与交于 A 点的各杆端转动刚度之和的比值，即：

$$\mu_{Aj} = \frac{S_{Aj}}{\sum S_{Aj}}$$

同一结点各杆分配系数之间存在下列关系：
$$\sum \mu_{Aj} = 1$$
这个条件通常用来校核分配系数的计算是否正确。

9.2.3 力矩分配法的基本原理

其过程可形象地归纳为以下步骤：

(1) 固定结点

在刚结点上加上附加刚臂，使原结构成为单跨超静定梁的组合体。计算各杆端的固端弯矩，而结点上作用有不平衡力矩，它暂时由附加刚臂承担。

(2) 放松结点

取消刚臂，让结点转动。这相当于在结点上又加入了一个反号的不平衡力矩，于是不平衡力矩被消除而结点获得平衡。此反号的不平衡力矩按分配系数分配给各近端，于是各近端得到分配弯矩。同时，各分配弯矩又向其对应远端进行传递，各远端得到传递弯矩。

(3) 将各杆端的固端弯矩、分配弯矩、传递弯矩对应叠加，就可以得到各杆端的最后弯矩值，即：近端弯矩等于固端弯矩加上分配弯矩，远端弯矩等于固定弯矩加上传递弯矩。

9.2.4 用力矩分配法计算连续梁和无侧移的刚架

多结点的力矩分配法计算步骤如下：

(1) 将所有刚结点固定，计算各杆端的固端弯矩。

(2) 依次放松各结点。

每次放松一个结点（其余结点仍固定）进行力矩分配与传递。对每个结点轮流放松，经多次循环后，结点逐渐趋于平衡。一般进行2~3个循环就可获得足够精度。

(3) 将各次计算所得杆端弯矩（固端弯矩及历次得到的分配弯矩和传递弯矩）对应相加，即得各杆端的最终弯矩值。

9.2.5 力矩分配法和位移法的联合应用

力矩分配法与位移法的联合应用就是利用力矩分配法解算无侧移结构简便的优点和位移法能够解算具有结点线位移结构的特点，在解题过程中使其充分发挥各自优点的联合方法。

它的基本特点是：

(1) 仅取结点线位移作为基本未知量；

(2) 施加附加链杆控制结点线位移（不加附加刚臂限制角位移），从而得到相应的基本体系（无侧移刚架）；

(3) 根据附加链杆约束力等于零的平衡条件（截面剪力投影条件）建立位移法方程；

(4) 利用力矩分配法求解系数和自由项：利用力矩分配法作基本结构在外荷载单独作用下的 M_P 图，以及由单位线位移 $\Delta_i = 1$ 引起的 $\overline{M}_i$ 图，由截面投影平衡条件求出位移法方程中的系数和自由项。

(5) 由叠加法作原结构的弯矩图。

9.2.6 无剪力分配法

无剪力分配法是在特定条件下的力矩分配法，其应用条件为：刚架中除了无侧移杆件外，其余杆件全是剪力静定杆件。

剪力静定杆的固端弯矩、转动刚度和传递系数，与一端刚结、另一端滑动杆相同。除此之外，力矩的分配及传递过程与一般力矩分配法完全相同。

9.2.7 剪力分配法

（1）应用条件

横梁为刚性杆、竖柱为弹性杆的排架或刚架承受水平结点荷载荷载作用。

（2）基本原理

在柱顶集中荷载作用下，同层各柱剪力与柱的侧移刚度系数成正比。将各层总剪力 F（任一层的总剪力等于该层及以上各层所有水平荷载的代数和）按各柱侧移刚度之比即剪力分配系数分配到各柱。

第 j 根柱剪力为：

$$F_{Sj} = \frac{D_j}{\sum D_i} F = \nu_j F$$

侧移刚度计算如下：

$$D_j = \frac{12EI}{h^3}（刚架柱），D_j = \frac{3EI}{h^3}（排架柱）$$

（3）由柱的剪力求柱的弯矩

对刚架，求得柱顶剪力后，根据柱弯矩零点（即反弯点）在柱中点的条件，可得到各柱的杆端弯矩等于柱顶剪力与其高度一半的乘积。

对排架，因弯矩零点在柱顶，各柱底弯矩等于柱顶剪力与其高度乘积。

（4）求出各立柱弯矩后，刚性横梁的弯矩可按如下方法确定：若结点只连接一根刚性横梁，可直接由结点力矩平衡条件确定横梁在该结点处的杆端弯矩；若结点连接了两根刚性横梁，可近以认为两根刚性横梁的转动刚度相同，从而分配到相同的杆端弯矩。

（5）当水平荷载为非结点荷载时，必须等效化成结点荷载。先在各层结点加水平支杆，求得各杆端固端弯矩及支杆反力；再将支杆反力反向施加于各层结点上，按剪力分配法求出各杆端弯矩；最后将上述两种情况下相应杆端弯矩叠加即可。

9.3 本章习题

9.3.1 判断题

1. 力矩分配法计算得出的结果是近似解。（　　）
2. 分配弯矩 M_{AB} 是 A 端转动时产生的 A 端弯矩。（　　）
3. 在力矩分配法中，刚结点处各杆端力矩分配系数与该杆端转动刚度成正比。（　　）
4. 如图 9-1 所示连续梁中给出的力矩分配系数是正确的。（　　）
5. 结点不平衡力矩总和等于交于该结点的各杆端固端弯矩之和，可根据结点的力矩平衡条件求出。（　　）
6. 在采用力矩分配法进行计算时，当放松某个结点时，其余结点必须全部锁紧。（　　）

7. 采用力矩分配法计算时，放松结点的顺序对计算过程有影响，而对计算结果无影响。（   ）

8. 如图 9-2 所示刚架可采用力矩分配法求解。（   ）

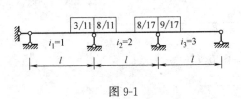

图 9-1

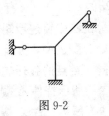

图 9-2

9. 如图 9-3 所示两体系，EI 相等，但 A 端的转动刚度 S_{AB} 大于 C 端的转动刚度 S_{CD}。（   ）

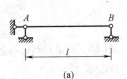
(a)

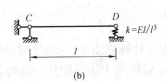
(b)

图 9-3

10. 如图 9-4（a）所示结构的弯矩分布形状如图 9-4（b）所示。（   ）

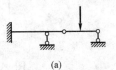
(a)

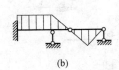
(b)

图 9-4

11. 已知图 9-5 所示连续梁 BC 跨弯矩图，则 $M_{AB} = M_{BA} = 57.85 \text{kN} \cdot \text{m}$。（   ）

12. 如图 9-6 所示结构可以用无剪力分配法进行计算。（   ）

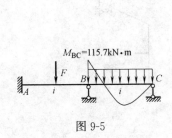

图 9-5

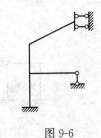

图 9-6

13. 力矩分配法、无剪力分配法和剪力分配法都是以位移法为基础的一种实用计算方法。（   ）

14. 力矩分配法既可以用来计算连续梁，也可用来计算一般超静定刚架结构。（   ）

15. 力矩分配法经一个循环计算后，分配过程中的不平衡力矩（约束反力矩）是传递弯矩的代数和。（   ）

9.3.2 填空题

1. 等截面直杆 AB 的转动刚度（劲度系数）S_{AB} 与 _____ 有关。
2. 等截面直杆的弯矩传递系数 C 表示当杆件近端有转角时 _____ 与 _____ 的比值，它与远端的 _____ 有关。
3. 力矩分配法中传递弯矩等于 _____。
4. 在力矩分配法中，分配系数 μ_{AB} 表示 _____。
5. 交于同一结点的各杆端的力矩分配系数之和等于 _____。
6. 如图 9-7 所示杆件 A 端的转动刚度 $S_{AB}=$ _____。
7. 如图 9-8 所示杆件 A 端的转动刚度 $S_{AB}=$ _____。

图 9-7   图 9-8

8. 采用力矩分配法计算如图 9-9 所示结构时，杆端 AC 的分配系数 $\mu_{AC}=$ _____。
9. 如图 9-10 所示结构用力矩分配法计算时，分配系数 $\mu_{A4}=$ _____。

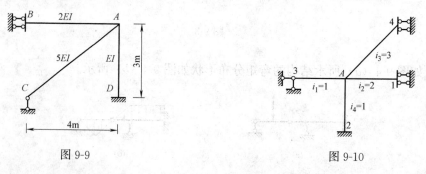

图 9-9   图 9-10

10. 如图 9-11 所示各结构中，不能直接用力矩分配法计算的结构是 _____。

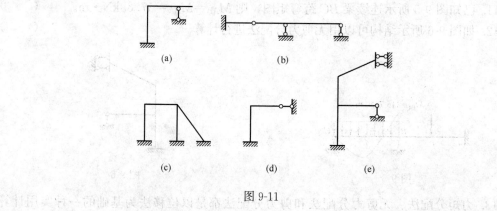

图 9-11

11. 如图 9-12 所示结构中，杆 AB、AC、AD 的长度及弯曲刚度 EI 均相同，则杆端弯矩 $M_{AD}=$ _____。
12. 如图 9-13 所示刚架结构中各杆线刚度均为 i，欲使 A 结点产生单位顺时针转角 $\theta_A=1$，则应在 A 结点施加的力矩 $M_A=$ _____。

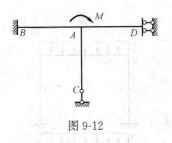

图 9-12

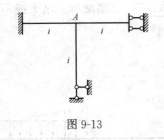

图 9-13

13. 在如图 9-14 所示连续梁中，结点 B 的不平衡力矩为_____。

14. 在如图 9-15 所示连续梁中，各杆线刚度均为 i，则结点 B 处不平衡力矩 $M_B=$_____。

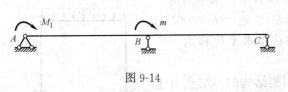

图 9-14

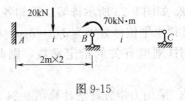

图 9-15

15. 在如图 9-16 所示连续梁中，各杆线刚度均为 i，则杆端弯矩 $M_{AB}=$_____。

16. 如图 9-17 所示刚架中各杆线刚度相等，则杆端弯矩 $M_{AB}=$_____。

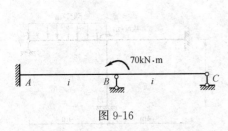

图 9-16

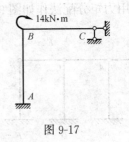

图 9-17

17. 已知如图 9-18 所示结构的力矩分配系数，则杆端弯矩 $M_{A1}=$_____。

18. 如图 9-19 所示结构中，$M=ql^2/4$，结点不平衡力矩（约束力矩）为_____。

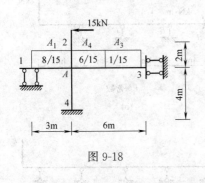

图 9-18

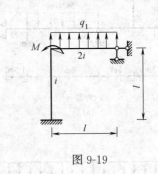

图 9-19

19. 已知图 9-20 所示连续梁 BC 跨的弯矩图，则杆端弯矩 $M_{AB}=$_____。

20. 如图 9-21 所示两结构跨中截面的弯矩的大小关系是_____。

21. 如图 9-22 所示对称刚架结构，若增大柱子的 EI 值，则梁跨中截面的弯矩值____

_____。（填减少、增大或不变）

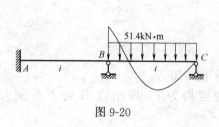

图 9-20

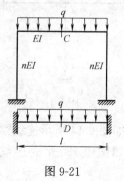

图 9-21

22. 如图 9-23 所示排架，已知各单柱柱顶有单位水平力时产生的柱顶水平位移分别为 $\delta_{AB}=\delta_{EF}=h/(100D)$、$\delta_{CD}=h/(200D)$，$D$ 为与柱刚度有关的给定常数，则此结构柱顶水平位移为_____。

23. 采用力矩分配法计算图 9-24 所示刚架结构时，结点 B 上的不平衡力矩（或约束力矩）为_____。

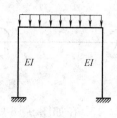

图 9-22

9.3.3 计算题

1. 采用力矩分配法作如图 9-25 所示各连续梁结构的 M 图。

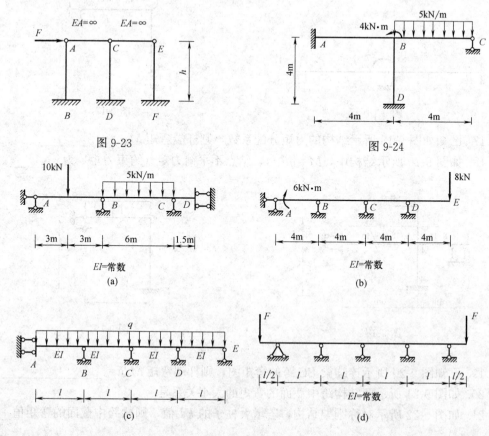

图 9-25

2. 采用力矩分配法作如图 9-26 所示各刚架结构的 M 图。

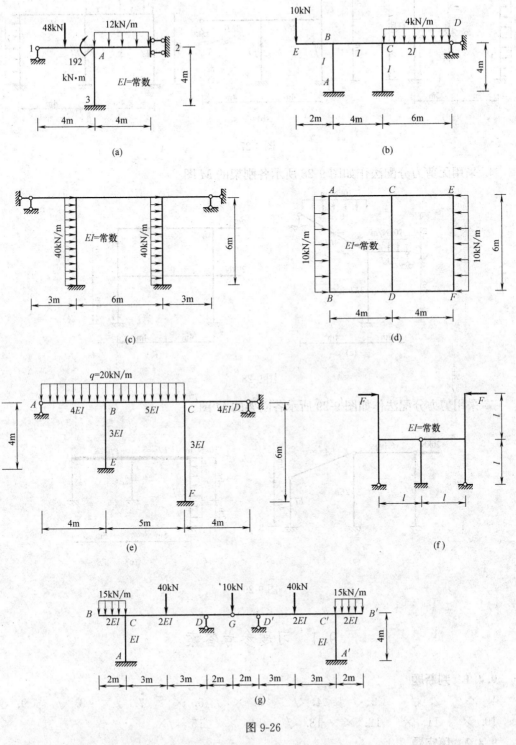

图 9-26

3. 采用位移法与力矩分配法联合求解图 9-27 所示结构的 M 图。

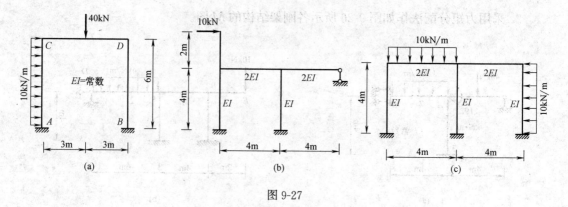

图 9-27

4. 采用无剪力分配法作如图 9-28 所示各刚架的 M 图。

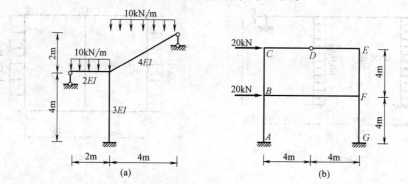

图 9-28

5. 采用剪力分配法作如图 9-29 所示各刚架的 M 图。

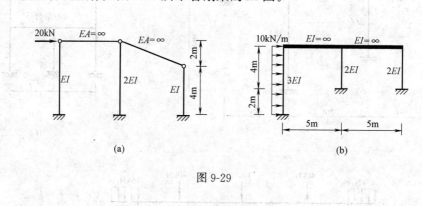

图 9-29

9.4 习题参考答案

9.4.1 判断题

1. × 2. √ 3. √ 4. √ 5. × 6. × 7. √ 8. √ 9. √
10. × 11. × 12. × 13. √ 14. × 15. √

9.4.2 填空题

1. 与 B 端支承条件及杆件刚度有关   2. 远端弯矩 近端弯矩 约束

3. 分配弯矩乘以传递系数
4. 结点 A 上作用单位外力偶时，在杆 AB 的 A 端产生的力矩
5. 1 6. $3i$ 7. $4i$ 8. 18/29 9. 12/21
10. (a)、(b)、(e) 11. $M/5$ 12. $8i$（顺时针）
13. $M_1/2-m$ 14. 80kN·m 15. -20kN·m
16. 4kN·m 17. -16kN·m 18. $0.125ql^2$
19. 25.7 kN·m 20. 截面 C 的弯矩大于截面 D 的弯矩
21. 减小 22. $Fh/(400D)$ 23. -6kN·m

9.4.3 计算题

1.

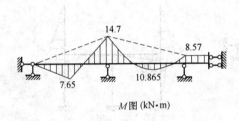

(a)

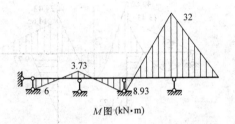

(b)

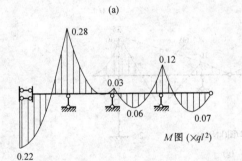

(c)

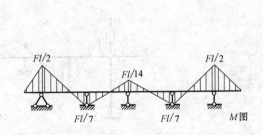

(d)

2.

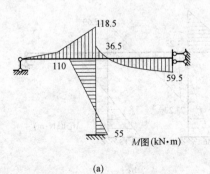

(a)

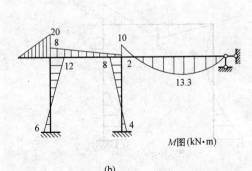

(b)

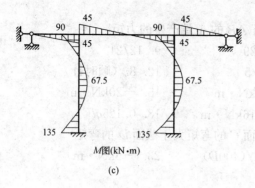

(c)

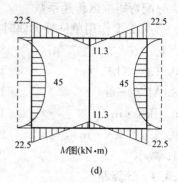

(d)

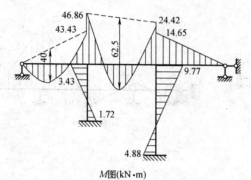

(e)

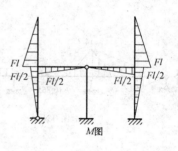

(f)

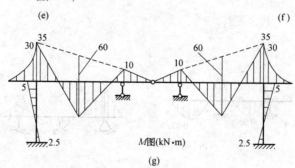

(g)

3.

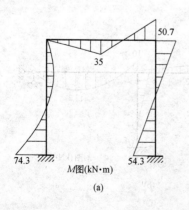

(a)

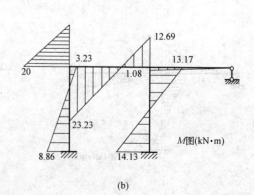

(b)

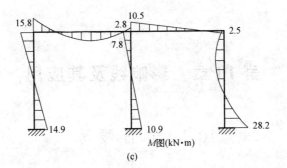

(c)

4.

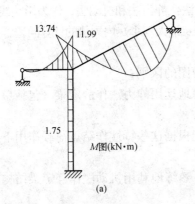

(a)

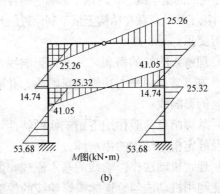

(b)

5.

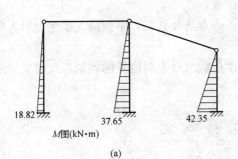

(a)

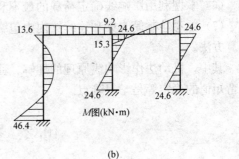

(b)

第 10 章 影响线及其应用

10.1 学习要求

本章讨论结构在移动荷载作用下的内力（反力）计算问题，影响线是解决此问题的工具。先基于影响线的基本概念，讨论了影响的两种绘制方法：静力法和机动法；作为影响线的具体应用，讨论了移动荷载在结构上最不利位置的判断以及最大（小）内力值的计算问题。

学习要求如下：

(1) 理解影响线的概念，并掌握影响线与内力图的区别；
(2) 重点掌握用静力法绘制影响线，并能熟练地运用静力法作静定梁（包括单跨梁和多跨梁）的影响线；
(3) 掌握结点荷载作用下影响线的特性，并能根据这些特性作结点荷载作用下梁的影响线以及静定桁架结构的影响线；
(4) 理解机动法作影响线的基本原理和方法，熟练地利用机动法作静定梁结构的影响线，并能利用机动法勾绘连续梁影响线的轮廓；
(5) 掌握利用影响线计算量值；
(6) 掌握利用影响线确定荷载的最不利位置；
(7) 熟悉绘制简支梁和连续梁内力包络图的方法及意义，掌握简支梁绝对最大弯矩的计算方法。

其中，机动法作影响线原理的理解、移动荷载组最不利位置的判别以及简支梁绝对最大弯矩值的确定等是学习难点。

10.2 基本内容

10.2.1 影响线的概念

把结构中某量值随竖向单位集中荷载 $F=1$ 位置改变而变化的规律绘成图形，这个图形称为该量值的影响线。影响线是研究移动荷载作用的基本工具。

影响线与内力图有本质的区别。内力图的横坐标表示截面位置，纵坐标表示在固定荷载作用下该截面的内力值。影响线横坐标表示单位集中荷载 $F=1$ 的位置，纵坐标表示单位荷载 $F=1$ 移动到该位置时某指定量值的大小。另外，某量值影响线竖标的量纲为该量值的量纲除以力的单位，即：支座反力、截面剪力的影响线竖标无量纲，弯矩影响线竖标的量纲为长度单位。

10.2.2 静力法作单跨静定梁的影响线

(1) 静力法作影响线的步骤

1) 选定坐标系，将单位集中荷载 $F=1$ 放在任意 x 位置；

2）根据平衡条件写出所求量值与荷载位置 x 的函数关系式（称为影响线方程）；

3）根据影响线方程直接绘出该量值的影响线图形。

（2）简支梁的影响线

宜记住简支梁支座反力和截面内力的影响线（图 10-1），以方便以后使用。

（3）外伸梁的影响线

外伸梁支座反力的影响线可以认为是将对应简支梁支座反力影响线向两个伸臂部分延伸得到。

伸臂梁跨内截面的内力影响线可由相应简支梁中相应截面的内力影响线分别向左、右伸臂部分延伸得到。

10.2.3 多跨静定梁的影响线

对于多跨静定梁，只需分清基本部分和附属部分之间的力传递特点，再利用单跨静定梁的影响线，多跨静定梁的支座反力和截面内力影响线即可绘出。

多跨静定梁支座反力和内力影响线有以下规律：

（1）当 $F=1$ 在量值所在梁段上移动时，量值影响线与相应单跨静定梁影响线的作法相同；

（2）当 $F=1$ 在对于量值所在梁段来说是基本部分的梁段上移动时，量值影响线的竖标均为零；

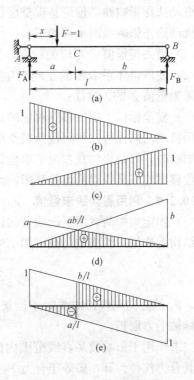

图 10-1 简支梁支座反力和截面内力的影响线

(a) 简支梁计算简图；(b) F_A 影响线；(c) F_B 影响线；(d) M_C 影响线；(e) F_{SC} 影响线

（3）当 $F=1$ 在对于量值所在梁段来说是附属部分的梁段上移动时，量值影响线为直线。根据铰处的影响线竖标已知和（或）支座处影响线竖标为零等条件，可将影响线绘出。

10.2.4 间接荷载作用下的影响线

（1）间接荷载作用下影响线的特征

1）间接荷载作用与直接荷载作用下的影响线，在结点处的竖标是相同的；

2）间接荷载作用下，影响线在相邻两结点之间为一条直线。

（2）间接荷载作用下某量值影响线的一般绘制方法

1）先作出直接荷载作用下该量值的影响线，并找出各结点处的竖标值；

2）将相邻结点处的竖标依次用直线相连，就得到间接荷载作用下的该量值影响线。

10.2.5 桁架的影响线

（1）桁架承受结点荷载作用

单位荷载在上弦或下弦移动时，都是通过横梁传递到桁架上弦或下弦结点上。

（2）影响线作法

将单位集中荷载 $F=1$ 依次放置于各结点上，用结点法或截面法计算所求量值的大小即为该量值在各相应结点处的影响线竖标，再将相邻结点处的竖标连以直线。

在绘制桁架内力影响线时，要分清单位集中荷载 $F=1$ 是沿上弦移动（上弦承载）还是沿下弦移动（下弦承载）。

10.2.6 机动法作影响线

机动法作影响线的理论基础是虚位移原理。

机动法作影响线的步骤如下：

（1）撤去与量值 Z 相应的约束，代以正向量值 Z 作用；

（2）使所得体系沿 Z 的正向产生单位位移，作出单位荷载 $F=1$ 作用点的竖向位移图，即为量值 Z 的影响线；

（3）横坐标以上虚位移对应的影响线竖标取正号，反之取负号。

用机动法同样可以作间接荷载作用下主梁的影响线。用机动法作间接荷载作用下主梁的影响线时，只是要注意：由于单位集中荷载 $F=1$ 是在纵梁上移动的，单位荷载作用点的虚位移图应该是纵梁的虚位移图，而不是主梁的虚位移图。

10.2.7 利用影响线求量值

（1）固定集中荷载用下影响量的计算

结构上作用一组集中荷载（图10-2），根据叠加原理可知，此时产生的 Z 值应为：

$$Z = \sum_{i=1}^{n} F_i \cdot y_i$$

式中，F_i 的方向与作影响线时单位集中荷载 $F=1$ 方向一致时为正，一般向下为正；y_i 在坐标轴上方取正。

当求作用于影响线某直线范围内的若干个集中荷载所产生的量值大小时（图10-3），可用其合力代替计算，即等于合力 F_R 乘以合力作用点处影响线的竖标 $\bar{y}$，而不会改变所求量值的数值，即：

$$Z = \sum_{i=1}^{n} F_i \cdot y_i = F_R \cdot \bar{y}$$

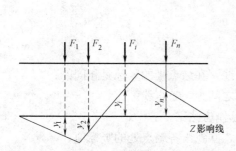
图 10-2 利用影响线求集中荷载作用下的量值

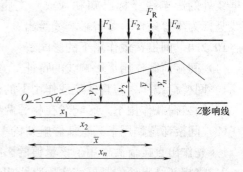
图 10-3 若干集中荷载作用在某影响线直线段范围内情况

（2）固定分布荷载用下影响量的计算

分布荷载作用于结构上某已知位置时（图10-4a），所产生的 Z 值可通过积分求得：

$$S = \int_A^B y \cdot q_x dx$$

当所受的分布荷载为均布荷载 q（图 10-4b）时，量值 Z 等于荷载集度 q 乘以受荷范围内的影响线面积，即：

$$Z = \int_A^B y q_x dx = q \int_A^B y dx = q A_\omega$$

式中，A_ω 表示在受荷段 AB 范围内影响线图形面积的代数和，其中位于基线上方的图形面积取正，位于基线下方的图形面积取负。

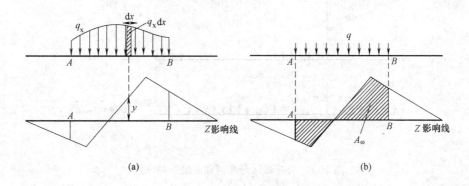

图 10-4 利用影响线求分布荷载作用下的量值
（a）分布荷载作用；（b）均布荷载作用

10.2.8 最不利荷载位置

（1）单个移动集中荷载 F 的最不利位置

将 F 置于影响线的最大正竖标（$+y_{max}$）处产生 Z_{max}，将 F 置于影响线的最大负竖标（y_{min}）处产生 Z_{min}（图 10-5），且有：

$$Z_{max} = F \cdot y_{max}, Z_{min} = F \cdot y_{min}$$

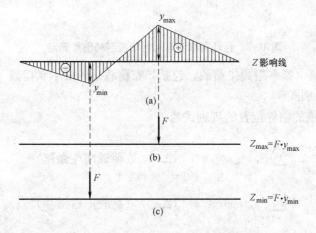

图 10-5 单个移动集中荷载的最不利位置

(2) 可任意断续布置均布荷载的最不利位置

在影响线正号范围内布满荷载产生 $Z_{\max}$，在影响线负号范围内布满荷载产生 $Z_{\min}$（图 10-6），且有：

$$Z_{\max}=qA_{\omega\max},Z_{\min}=qA_{\omega\min}$$

式中，$A_{\omega\max}$ 为影响线正号范围内的面积；$A_{\omega\min}$ 为影响线负号范围内的面积。

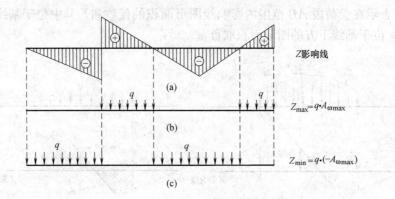

图 10-6　任意断续分布荷载的最不利位置

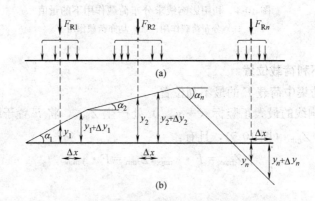

图 10-7　移动荷载组作用时的最不利位置确定

(3) 移动荷载组（指一组集中荷载，包括均布荷载）的最不利位置（图 10-7）

1) 临界位置判别式

使 Z 成为极大值的临界位置的判别式为：

$$\begin{cases} \sum_{i=1}^{n} F_{Ri}\tan\alpha_i \geqslant 0 & (\Delta x<0 \text{ 荷载向左微移}) \\ \sum_{i=1}^{n} F_{Ri}\tan\alpha_i \leqslant 0 & (\Delta x>0 \text{ 荷载向右微移}) \end{cases}$$

使 Z 成为极小值的临界位置的判别式为：

$$\begin{cases} \sum_{i=1}^{n} F_{Ri}\tan\alpha_i \leqslant 0 & (\Delta x<0 \text{ 荷载向左微移}) \\ \sum_{i=1}^{n} F_{Ri}\tan\alpha_i 0 \geqslant 0 & (\Delta x>0 \text{ 荷载向右微移}) \end{cases}$$

2) 确定移动荷载组最不利位置的步骤

① 从移动荷载组中任意选择某一集中荷载 F_i 置于影响线的一个顶点上。

② 判断 F_i 是否为临界荷载。令荷载组整体稍向左或向右移动，分别求 $\sum_{i=1}^{n} F_{Ri}\tan\alpha_i$ 数值。若 $\sum_{i=1}^{n} F_{Ri}\tan\alpha_i$ 产生变号（包括由正、负变为零或由零变为正、负），则说明 F_i 为临界荷载 F_{cr}，此时对应的荷载位置为临界荷载位置。如果 $\sum_{i=1}^{n} F_{Ri}\tan\alpha_i$ 不变号，则说明荷载 F_i 不是临界荷载，重新选取一个集中放在影响线顶点上，再判断它是否为临界荷载。直至将所有的临界荷载都找出来。

③ 每个临界荷载位置可求出量值 Z 的一个极值，然后从中选取最大值或最小值，所对应的荷载位置即为最不利荷载位置。

(4) 三角形影响线的临界位置判别式（图 10-8）

临界位置的特点：有一个集中荷载 F_{cr} 位于三角形顶点上，将 F_{cr} 归到顶点的哪一边，哪一边的"平均荷载"就大，即：

$$\begin{cases} \dfrac{F_{Ra}+F_{cr}}{a} \geqslant \dfrac{F_{Rb}}{b} & (\Delta x<0) \\ \dfrac{F_{Ra}}{a} < \dfrac{F_{Rb}+F_{cr}}{b} & (\Delta x>0) \end{cases}$$

10.2.9 简支梁的内力包络图

(1) 内力包络图

在移动荷载作用下，将各截面产生的最大内力值和最小内力值分别连成一条光滑的曲线，称为内力包络图。梁的内力包络图有弯矩包络图和剪力包络图。

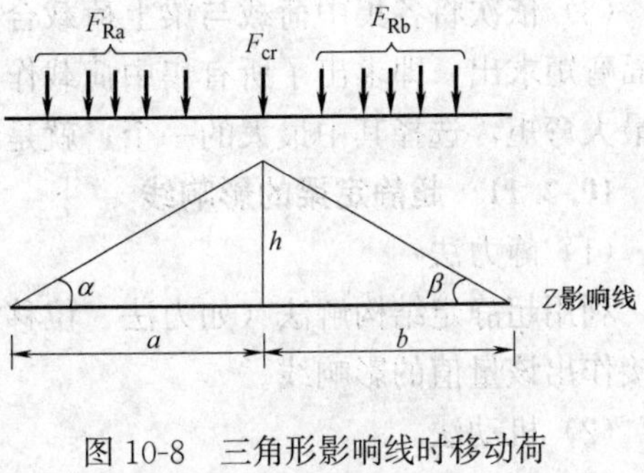

(2) 内力包络图的作法

将梁划分为若干等分，在实际移动荷载作用下利用影响线逐个求出各等分截面的最大（小）内力，就可画出内力包络图。

图 10-8 三角形影响线时移动荷载组临界位置的判别

在实际工程结构计算中，必须求出在恒载和活载共同作用下各个截面的最大（小）内力值，作为结构设计的依据。活载还须考虑其动力影响，通常是将静载、活载所产生的内力值乘以冲击系数，内力包络图表示结构在恒载和活载共同作用下某内力的极限范围，不论活载处于何种位置，其内力均不会超出这一极限范围。

10.2.10 简支梁的绝对最大弯矩

在一定移动荷载作用下,简支梁各截面处产生的最大弯矩值中的最大值,称为梁的绝对最大弯矩。绝对最大弯矩是弯矩包络图中的最大竖标值。

简支梁绝对最大弯矩确定步骤如下:

(1) 任选某一集中荷载 F_k,移动荷载组使 F_k 与梁上荷载合力 F_R 之间的距离被梁的中点平分(图10-9);

(2) 计算集中荷载 F_k 作用点处截面的弯矩,即为 F_k 作用点处的最大弯矩值。

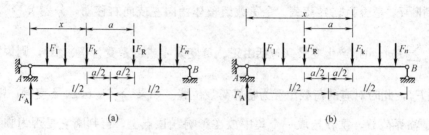

图 10-9 简支梁的绝对最大弯矩求解
(a) F_k 位于 F_R 的左边;(b) F_k 位于 F_R 的右边

当 F_k 位于 F_R 的左边时:

$$M_{\max}=\frac{F_R}{l}\left(\frac{l}{2}-\frac{a}{2}\right)^2-M_k$$

当 F_k 位于 F_R 的右边时:

$$M_{\max}=\frac{F_R}{l}\left(\frac{l}{2}+\frac{a}{2}\right)^2-M_k$$

式中,a 为 F_k 与梁上外荷载合力 F_R 间的距离;M_k 为 F_k 以左梁段上外荷载对 F_k 作用点的力矩之和。

(3) 依次将各集中荷载与梁上荷载合力对称布置于梁中点,将各集中荷载作用点处的截面弯矩求出,即求出了所有集中荷载作用点处产生的最大弯矩值。比较各个荷载作用点的最大弯矩,选择其中最大的一个,就是绝对最大弯矩值。

10.2.11 超静定梁的影响线

(1) 静力法

利用超静定结构解法(如力法、位移法)先求出量值的影响线方程,根据影响线方程直接作出该量值的影响线。

(2) 机动法

用机动法求解超静定结构中某量值的影响线,与用机动法作静定结构的影响线是相似的,即为了求某量值的影响线,都是先去掉与所求量值相应的约束后,使体系沿该量值的正方向发生单位位移后所得到的竖向位移图,即为该量值的影响线。

但要注意,对静定结构,去掉与所求量值相应约束后,原结构变成具有一个自由度的几何可变体系,沿该量值正向发生单位位移所得到的竖向位移图是由刚体位移的直线段组成,因而静定结构的影响线是由若干直线段组成的。但对于超静定结构,去掉与所求量值相应约束后,原结构仍为几何不变体系,其位移图则是在多余未知力作用下的弹性曲线,因而超静定结构的影响线是由曲线构成。若要确定影响线竖标，可按计算超静定结构位移的方法确定。

（3）连续梁的影响线

利用机动法较易确定连续梁影响线的轮廓，如图 10-10 所示。据此可进一步确定连续梁最不利荷载的分布以及内力包络图。

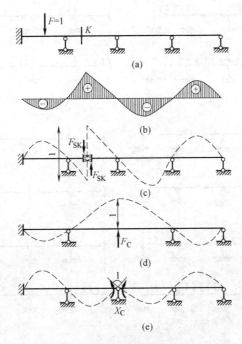

图 10-10　机动法作连续梁的影响线
（a）原结构；（b）M_K 影响线；（c）F_{SK} 影响线；（d）F_C 影响线；（e）M_C 影响线

10.2.12　连续梁的最不利荷载分布

采用机动法很容易作出连续梁中某量值影响线的轮廓，据此就可确定活载的最不利荷载位置。图 10-11 分别是连续梁跨内截面弯矩及剪力、支座处剪力以及支座反力的最不利荷载位置。

10.2.13　连续梁的内力包络图

受到恒载和可动均布荷载作用的连续梁，其弯矩包络图绘制步骤如下：

（1）绘恒载作用下的 M 图；

（2）依次在每一跨上单独布满活载，并作出相应的弯矩图；

（3）将各跨若干等分，对每等分点处截面，将恒载作用下的弯矩值与步骤（2）中得到的各弯矩图中对应正竖标值叠加，便得到各截面的最大弯矩值；将恒载作用下的弯矩值与步骤（2）中得到的各弯矩图中对应负竖标值叠加，便得到各截面的最小弯矩值；

（4）将步骤（3）所得到的最大（小）弯矩值分别用光滑的曲线连接起来，即为弯矩包络图。

剪力包络图绘制步骤如下：

（1）作恒载作用下的剪力图；

（2）依次在每一跨上单独布满活载，并作出相应的剪力图；

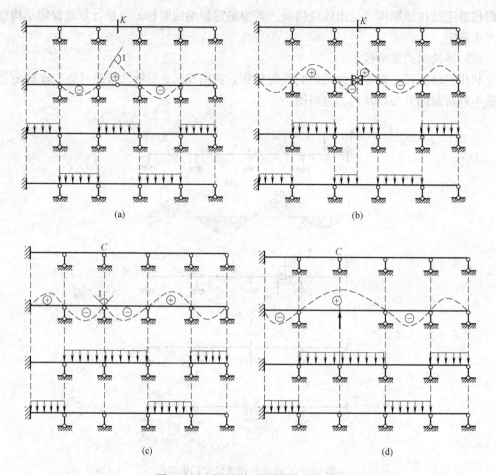

图 10-11 连续梁的最不利荷载分布
(a) 跨内截面弯矩最不利荷载位置；(b) 跨内截面剪力最不利荷载位置；
(c) 支座处剪力最不利荷载位置；(d) 支座反力最不利荷载位置

(3) 求各支座两侧截面的最大、最小剪力：将恒载剪力图中支座左、右两侧截面的竖标与各活载布置情况的剪力图中对应截面的正（负）纵标相加，即得到各截面的近似最大（小）剪力值；

(4) 作剪力包络图：将各杆两端截面的最大、最小剪力值分别用直线相连，即得近似的剪力包络图。

10.3 本章习题

10.3.1 判断题

1. 内力影响线表示单位移动荷载作用下某指定截面内力变化规律的图形。（　）
2. 任何静定结构的支座反力及内力的影响线，均由直线段构成。（　）
3. 简支梁跨中截面弯矩的影响线与跨中有集中力作用时的弯矩图是相同的。（　）
4. 如图 10-12 (b) 所示影响线是图 10-12 (a) 所示梁中截面 A 的弯矩影响线。

（　）

5. 图 10-13（b）是图 10-13（a）中的 M_K 影响线，竖标 y_D 是表示 $F=1$ 作用在 K 截面时 M_K 的数值。（　　）

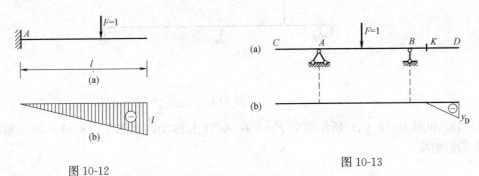

图 10-12　　　　　　　　　图 10-13

6. 如图 10-14（a）所示结构的支座反力 F_{AV} 影响线如图 10-14（b）所示。（　　）

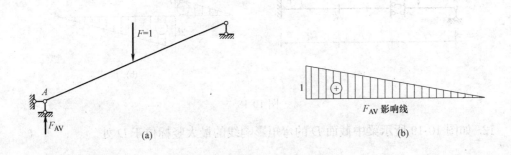

图 10-14

7. 采用机动法作如图 10-15（a）所示结构中支座 B 左截面剪力 F_{SB}^L 影响线，如图 10-15（b）所示。（　　）

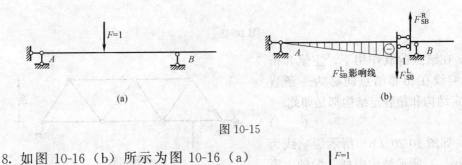

图 10-15

8. 如图 10-16（b）所示为图 10-16（a）所示伸臂梁中支座 A 右侧截面剪力 F_{SA}^R 的影响线。（　　）

9. 由主从结构的受力特点可知，附属部分的内力（反力）影响线竖标在其基本部分上全为零。（　　）

10. 如图 10-17 所示结构中截面 E 处剪力 F_{SE} 影响线在 AC 段竖标全为零。（　　）

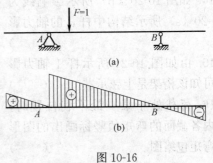

图 10-16

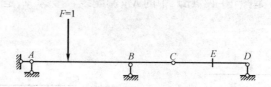

图 10-17

11. 如图 10-18（a）所示梁中 $F=1$ 在 ACB 上移动，如图 10-18（b）所示影响线是 M_C 的影响线。（　　）

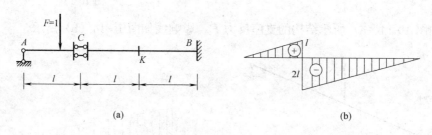

图 10-18

12. 如图 10-19 所示梁中截面 D 的弯矩影响线的最大竖标位于 D 处。（　　）

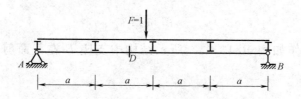

图 10-19

13. 在结点荷载作用下，主梁和桁架的影响线在相邻结点间必为一条直线，静定结构和超静定结构都是如此。（　　）

14. 如图 10-20（b）所示影响线为图 10-20（a）所示结构中杆 a 的轴力影响线。（　　）

15. 由如图 10-21 所示杆 1 轴力影响线可知该桁架是上弦承载。（　　）

16. 荷载处于某一最不利位置时，按梁内各截面的弯矩值竖标画出的图形称为弯矩包络图。（　　）

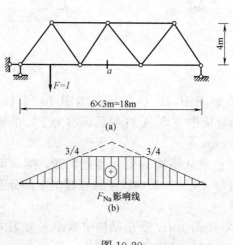

图 10-20

17. 在移动荷载组作用下，对折线形的影响线，临界荷载位置必然有一集中荷载作用在影响线顶点；若有某一集中力作用在影响线顶点也必为某一临界荷载位置。（　　）

18. 某量值影响线如图 10-22 所示，其中 $d<a<b$，在图示移动集中荷载组作用下，该量值的荷载最不利位置如图 10-22 所示。（　　）

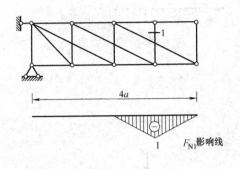

图 10-21

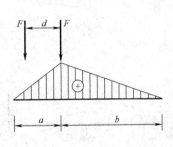

图 10-22

10.3.2　填空题

1. 结构上某量值影响线的量纲是_____。

2. 如图 10-23（b）所示为图 10-23（a）所示结构中 M_C 的影响线，其中竖标 y_E 表示_____。

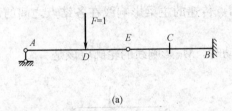

(a)

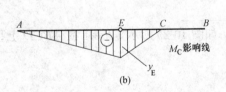

(b)

图 10-23

3. 根据影响线的定义，如图 10-24 所示悬臂梁截面 C 的弯矩影响线在 C 点的竖标为_____。

4. 如图 10-25 所示梁中弯矩 M_A 的影响线是_____。

5. 已知图 10-26（a）中梁在图示荷载作用下的弯矩图如图 10-26（b）所示，则当单位移动荷载 $F=1$ 在 AB 上移动时，截面 K 的弯矩影响线在 C 处竖标为_____。

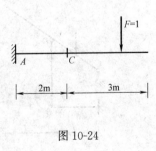

图 10-24

6. 如图 10-27 所示结构中 $F=1$ 在 BE 上移动，F_{SC} 影响线在 BC 段和 CD 段竖标分别为____、____。

7. 如图 10-28 所示，$F=1$ 在 CE 上移动，M_A 影响线（下侧受拉为正）中 D 处的竖标为_____。

149

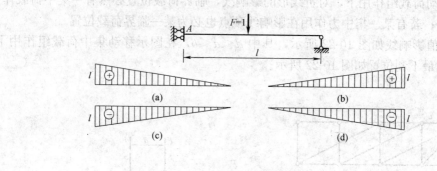

图 10-25

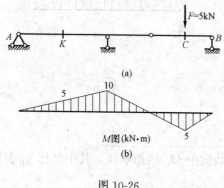

图 10-26

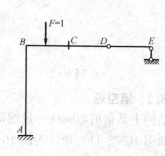

图 10-27

8. 单位荷载作用在简支结点梁上，通过结点传递的主梁影响线在各结点之间的形状为_____。

9. 如图 10-29 所示，$F=1$ 在 $ABCD$ 上移动时，M_K 影响线的轮廓应该是_____。

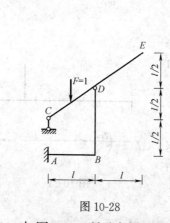

图 10-28

图 10-29

10. 如图 10-30 所示主梁 AB 在结点荷载作用下，F_{SC}^R 影响线的轮廓是_____。

11. 如图 10-31 所示影响线为结点荷载作用下主梁 AB 中量值_____的影响线。

12. 如图 10-32 所示影响线为结点荷载作用下主梁 AB 中量值_____的影响线。

13. 如图 10-33（a）所示主梁中量值 F_{SB}^R 的影响线见图 10-33（b），其中顶点竖

标 $y=$ _____ 。

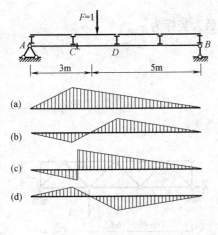

图 10-30

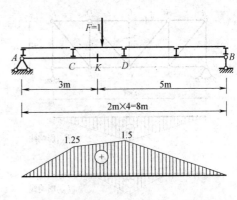

图 10-31

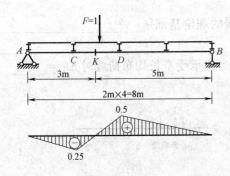

图 10-32

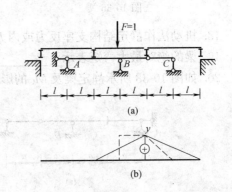

图 10-33

14. 如图 10-34 所示桁架中，杆 1 的轴力影响线是 _____。

15. 如图 10-35 所示桁架，对上弦承载和下弦承载两种情况，上弦杆轴力影响线 _____，下弦杆轴力影响线 _____，斜杆轴力影响线 _____，竖杆轴力影响线 _____。（填相同或不同）

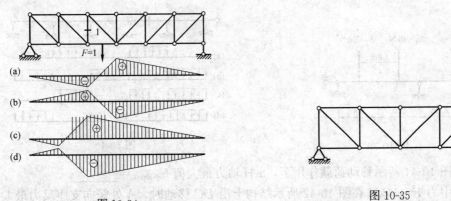

图 10-34

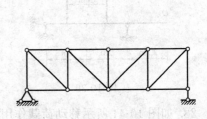

图 10-35

16. 由图 10-36 所示平行弦桁架的 F_{N1} 影响线和 F_{N2} 影响线可知单位移动荷载的移动范围为 _____。

17. 如图 10-37 所示结构中杆 a 轴力影响线的最大竖标为 _____。

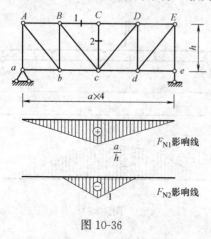

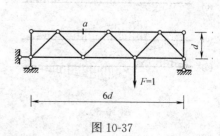

图 10-36   图 10-37

18. 机动法作静定结构支座反力或内力影响线的理论基础是 _____。

19. 梁的绝对最大弯矩表示 _____。

20. 如图 10-38 所示静定梁及 M_C 的影响线，当梁承受全长均布荷载时 $M_C =$ _____。

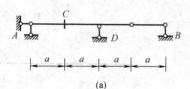   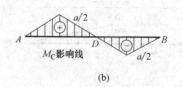

(a)   (b)

图 10-38

21. 如图 10-39 所示结构，利用影响线确定：当移动荷载 F_1 位于 D 点时，截面 C 的弯矩值 $M_C =$ _____。

22. 在图 10-40 中，欲使 F_{SK} 出现最大值 F_{SKmax}，均布活荷载的布置应为 _____ _____。

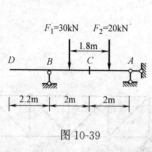   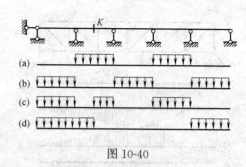

图 10-39   图 10-40

23. 如图 10-41 所示移动荷载作用下，a 杆轴力最大值 $F_{Namax} =$ _____。

24. 集中力 $F=60$ kN 在图 10-42 所示结构上沿 DC 移动时，A 处竖向支座反力最大值 $F_{AVmax} =$ _____。

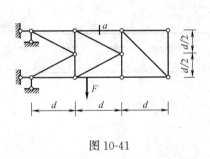

图 10-41

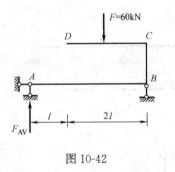

图 10-42

25. 如图 10-43 所示结构在可动均布活荷载 q 作用下（方向向下），截面 A 的最大负剪力为_____。

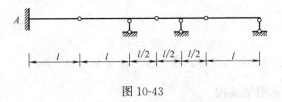

图 10-43

26. 如图 10-44 所示结构在图示一组移动荷载作用下，截面 C 产生最大弯矩的荷载位置为_____。

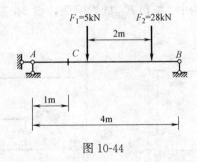

图 10-44

27. 如图 10-45 所示静定梁在图示一组移动荷载作用下，M_C 的最大值（绝对值） $|M_C|$ =_____。

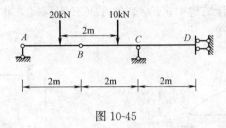

图 10-45

28. 荷载最不利位置是_____。

10.3.3 计算题

1. 分别采用静力法和机动法作如图 10-46 所示各静定梁结构中指定量值的影响线。

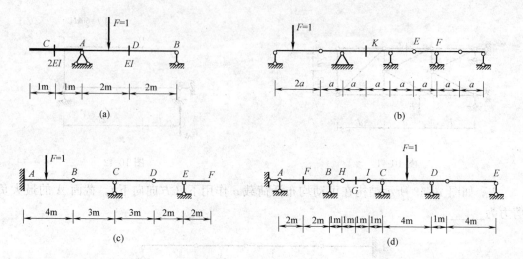

图 10-46

(a) 求 M_C 和 M_D；(b) 求 F_{SE}、M_K、M_F、F_{SF}^L；(c) 求 M_A、M_C、F_{CV}；(d) 求 F_{SB}^L、M_K、M_G。

2. 如图 10-47 所示刚架结构。
(1) 当 $F=1$ 在 BD 上移动时，作 M_A 的影响线（假设使截面左侧受拉为正）；
(2) 当 $F=1$ 在 AB 上移动时，作 M_A 的影响线（假设使截面左侧受拉为正）。

3. 作如图 10-48 所示结构中 M_C 和 F_{SE}^L 的影响线，设 M_C 左侧受拉为正。已知 $F=1$ 在 AB 上移动。

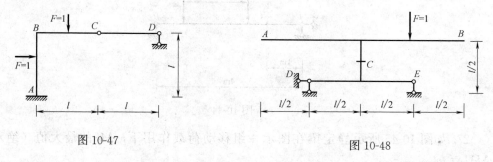

图 10-47　　　　　　　　　　　图 10-48

4. 作如图 10-49 所示拱中拉杆轴力 F_{NAB} 的影响线（以受拉为正），已知 $F=1$ 在拱轴上移动。

5. 如图 10-50 所示组合结构中，$F=1$ 在 $ADCE$ 上移动，作 BC 杆轴力 F_{NBC}、梁 AE 中 F_{SD}、M_D、F_{ND} 的影响线。

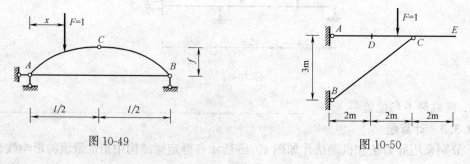

图 10-49　　　　　　　　　　　图 10-50

6. 作如图 10-51 所示结构中撑杆 AC 的轴力 F_{NAC} 和梁上内力 F_{SE}^L、F_{SE}^R 和 M_D 的影响线，$F=1$ 在 CF 上移动。

7. 在如图 10-52 所示结构中，$F=1$ 在 $DEFG$ 上移动，作梁 AB 中 F_B、M_K、F_{SC}^L 及 F_{SC}^R 的影响线。

8. 作如图 10-53 所示结构中 M_C、F_{SC} 的影响线，已知单位荷载 $F=1$ 在 AB 上移动。

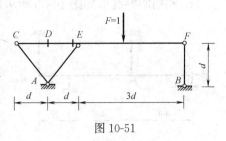

图 10-51

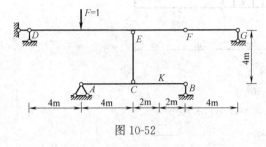

图 10-52

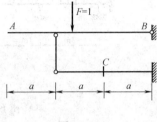

图 10-53

9. 作如图 10-54 所示结构中主梁上指定量值的影响线。

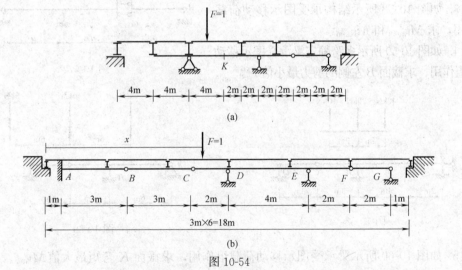

图 10-54

（a）求 M_K、F_{SK}；（b）M_A、F_{DV}、F_{SD}^R

10. 作如图 10-55 所示桁架中指定杆轴力的影响线。

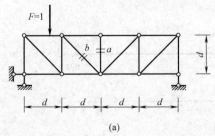

(a)

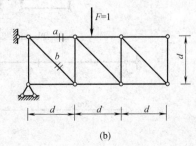

(b)

图 10-55

11. 利用影响线求如图 10-56 所示各结构中指定量值大小。

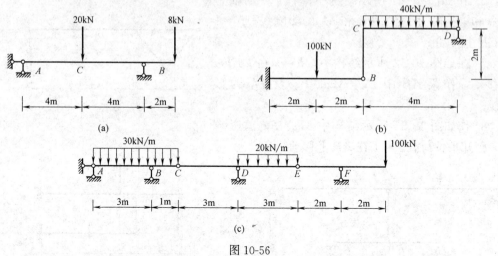

图 10-56

(a) 求 F_{SC}^L、F_{SC}^R；(b) 求 M_A；(c) 求 F_{SC}

12. 如图 10-57 所示梁承受任意段连续均布荷载作用时，求截面 C 弯矩最大值 M_{Cmax}。

13. 如图 10-58 所示结构承受图示移动荷载组作用，求 M_{Kmax} 和 M_{Kmin}。

14. 如图 10-59 所示多跨静定梁承受图示移动荷载组作用，求截面 B 左侧的剪力最小值 F_{SBmin}^L。

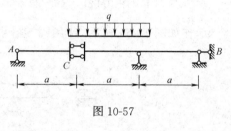

图 10-57

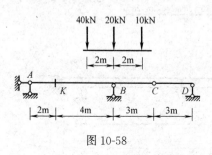

图 10-58

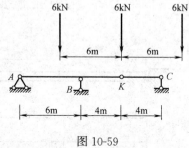

图 10-59

15. 如图 10-60 所示梁承受图示移动荷载组作用，求截面 K 弯矩最大值 M_{Kmax}。

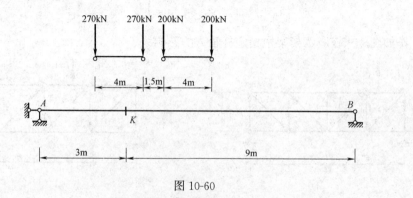

图 10-60

16. 如图 10-61 所示荷载组在梁上移动，求支座 B 的最大反力 $F_{B\max}$。

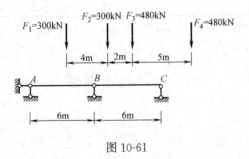

图 10-61

17. 如图 10-62 所示结构受均布活荷载作用，求 M_G 和 F_{SC} 的最大值（绝对值）。

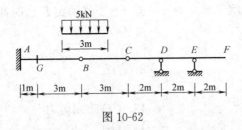

图 10-62

18. 求如图 10-63 所示结构在移动荷载作用下的 $F_{SC\max}$ 和 $F_{SC\min}$。

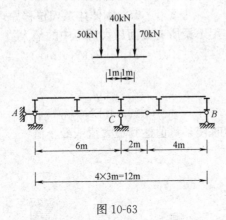

图 10-63

19. 如图 10-64 所示桁架结构承受的移动荷载为两台吊车的轮压，求桁架下弦杆件 a 的轴力 F_{Na} 的最不利荷载位置和 F_{Na} 的最大值。

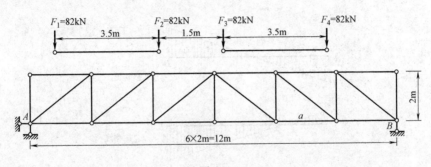

图 10-64

20. 用机动法绘制如图 10-65 所示连续梁中 M_G、F_{SC}^L、F_{AV} 影响线的轮廓。

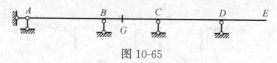

图 10-65

10.4 习题参考答案

10.4.1 判断题

1. √ 2. √ 3. × 4. √ 5. × 6. √ 7. × 8. √ 9. √ 10. √ 11. ×
12. × 13. × 14. √ 15. √ 16. × 17. × 18. ×

10.4.2 填空题

1. 该量值量纲/力量纲
2. $F=1$ 移动到 E 点时截面 C 产生的弯矩值
3. 0
4. (a)
5. -1m
6. 0 1
7. -1
8. 直线
9. (c)
10. (b)
11. M_K
12. CD 节间剪力
13. 1
14. (b)
15. 相同 相同 相同 不同
16. 在 AE 内
17. $-4/3$
18. 刚体体系虚位移原理
19. 在一定移动荷载作用下梁所有截面最大弯矩中的最大值
20. 0
21. -37kN·m
22. (c)
23. F
24. 40kN
25. $-ql/4$
26. F_2 在 C 点
27. 40kN·m
28. 荷载移动到该位置时使某量值达到最大值或最小值

10.4.3 计算题

1. 略

2.

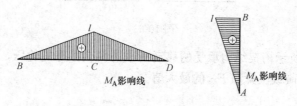

3.

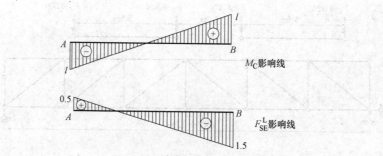

4.

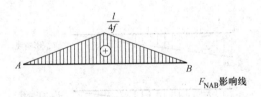

F_{NAB} 影响线

5.

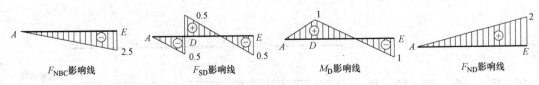

F_{NBC} 影响线　　F_{SD} 影响线　　M_D 影响线　　F_{ND} 影响线

6.

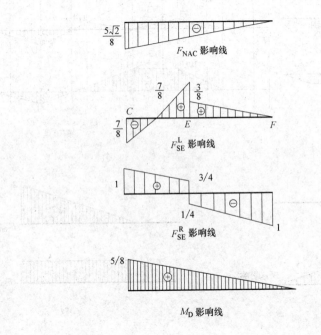

7.

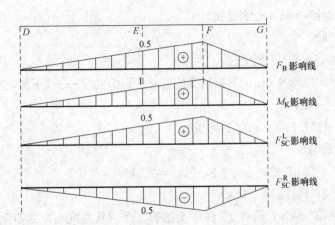

8.

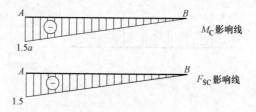

9.

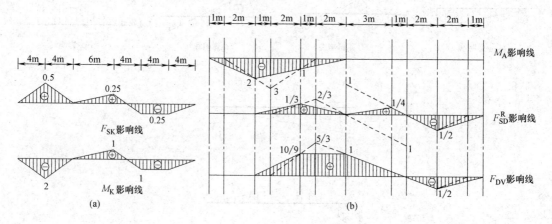

10.

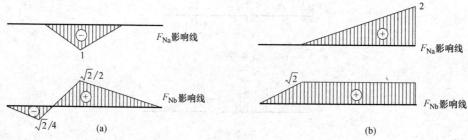

11.
(a) $F_{SC}^L = 8kN$，$F_{SC}^R = -12kN$

(b) $M_A = 520kN \cdot m$（上侧受拉）

(c) $F_{SC} = 70kN$

12. $M_{cmax} = 0.5qa^2$（下侧受拉）

13. $M_{Kmax} = 200/3 kN \cdot m$（下拉），$M_{Kmin} = -140/3 kN \cdot m$（下拉）

14. $F_{SBmin}^L = -8kN$

15. $M_{Kmax} = 1157.5 kN \cdot m$（下侧受拉）

16. $F_{Bmax} = 760 kN$

17. $|M_G|_{max} = 33.75 kN \cdot m$，$|F_{SC}|_{max} = 7.5 kN$

18. $F_{SCmax} = 0$，$F_{SCmin} = -60 kN$

19. $F_{Namax} = 252.8 kN$，荷载 F_3 位于上弦第 5 个（从左向右）结点上

20.

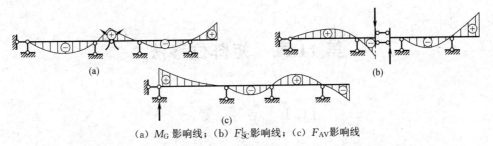

(a) M_G 影响线；(b) F_{SC}^L 影响线；(c) F_{AV} 影响线

第 11 章 矩阵位移法

11.1 学习要求

本章讨论结构分析的矩阵位移法。矩阵位移法与传统位移法同源，但其采用矩阵表达形式和程序化的计算步骤，为大型复杂结构提供了快捷、通用的计算方法。先基于局部坐标系和整体坐标系中的单元刚度矩阵及其转换关系，利用单元集成法建立了整体刚度矩阵；同时利用单元集成法讨论了等效结点荷载的确定方法；并用矩阵位移法计算连续梁及平面刚架结构。

学习要求如下：

（1）熟练掌握局部坐标系中单元刚度矩阵的确定，明确单元刚度矩阵的特性及单元刚度系数的物理意义；

（2）熟练掌握整体坐标系中单元刚度矩阵的确定方法，理解坐标变换的意义以及整体坐标系中单元刚度矩阵的物理意义；

（3）理解单元集成法的意义，能熟练地运用单元集成法形成连续梁和刚架结构的整体刚度矩阵；

（4）掌握利用单元集成法确定等效结点荷载；

（5）掌握利用结构刚度方程求结点位移并求杆端力的方法；

（6）掌握用矩阵位移法分析连续梁和刚架的解题步骤，理解矩阵位移法和位移法的内在联系。

其中，利用单元集成法直接由单元刚度矩阵形成结构整体刚度矩阵，是矩阵位移法的核心内容。

11.2 基本内容

11.2.1 局部坐标系下的单元刚度矩阵

局部坐标系如图 11-1 所示。

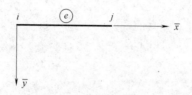

图 11-1 局部坐标系

（1）一般单元

$$\bar{k}^e = \begin{bmatrix} \dfrac{EA}{l} & 0 & 0 & -\dfrac{EA}{l} & 0 & 0 \\ 0 & \dfrac{12EI}{l^3} & \dfrac{6EI}{l^2} & 0 & -\dfrac{12EI}{l^3} & \dfrac{6EI}{l^2} \\ 0 & \dfrac{6EI}{l^2} & \dfrac{4EI}{l} & 0 & -\dfrac{6EI}{l^2} & \dfrac{2EI}{l} \\ -\dfrac{EA}{l} & 0 & 0 & \dfrac{EA}{l} & 0 & 0 \\ 0 & -\dfrac{12EI}{l^3} & -\dfrac{6EI}{l^2} & 0 & \dfrac{12EI}{l^3} & -\dfrac{6EI}{l^2} \\ 0 & \dfrac{6EI}{l^2} & \dfrac{2EI}{l} & 0 & -\dfrac{6EI}{l^2} & \dfrac{4EI}{l} \end{bmatrix}$$

由一般单元的刚度矩阵可方便地推导出某些特殊单元的单元刚度矩阵。

(2) 连续梁单元

$$\bar{k}^e = \begin{bmatrix} \dfrac{4EI}{l} & \dfrac{2EI}{l} \\ \dfrac{2EI}{l} & \dfrac{4EI}{l} \end{bmatrix}$$

(3) 桁架单元

$$\bar{k}^e = \begin{bmatrix} \dfrac{EA}{l} & -\dfrac{EA}{l} \\ -\dfrac{EA}{l} & \dfrac{EA}{l} \end{bmatrix}$$

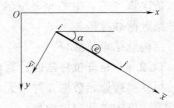

图 11-2 整体坐标系与局部坐标系的关系

11.2.2 整体坐标系下的单元刚度矩阵

如图 11-2 所示为整体坐标系与局部坐标系的关系，α 为 x 轴正方向顺时针转动到 $\bar{x}$ 轴正方向的夹角。

单元刚度矩阵由局部坐标系向整体坐标系转换的公式为：

$$k^e = T^T \bar{k}^e T$$

式中，T 为单元坐标转换矩阵，是正交矩阵。

$$T = \begin{bmatrix} \cos\alpha & \sin\alpha & 0 & & & \\ -\sin\alpha & \cos\alpha & 0 & & 0 & \\ 0 & 0 & 1 & & & \\ & & & \cos\alpha & \sin\alpha & 0 \\ & 0 & & -\sin\alpha & \cos\alpha & 0 \\ & & & 0 & 0 & 1 \end{bmatrix}$$

且

$$T^{-1} = T^T$$

11.2.3 单元定位向量

单元定位向量 λ^e 是指由单元的结点位移总码组成的向量，它表示了该单元每个结点位移分量的局部编码与其在结构位移分量总码中的对应关系。在确定结构的结点位移分量总码时，对于已知为零的结点位移分量，其总码均编为零。

单元定位向量定义了整体坐标系下的单元刚度矩阵中的元素在整体刚度矩阵中的具体位置，故也称为"单元换码向量"。

11.2.4 整体刚度矩阵的集成

按单元的编码次序，利用单元定位向量 λ^e，将整体坐标系下的单元刚度矩阵中的元素集成到整体刚度矩阵 $[K]$ 中的对应位置，其过程可表示为：

$$k_{ij}^e \xrightarrow{\lambda^e} K_{\lambda_i \lambda_j}$$

整体刚度矩阵是对称、非奇异的方阵。

11.2.5 等效结点荷载

将作用在单元上的非结点荷载转化为作用在结点上的等效结点荷载，确定步骤如下：

(1) 计算单元等效结点荷载向量（局部坐标系）

在局部坐标系中，把单元看成两端固定梁，求单元固端内力，组成单元固端约束力向量；将单元固端约束力向量反号后即得单元等效结点荷载向量 $\{\overline{F}\}^e$。

(2) 计算单元的等效结点荷载 $\{F_0\}^e$（整体坐标）

利用单元的坐标转换矩阵 T，可求得：

$$\{F_0\}^e = [T]^T \{\overline{P}\}^e$$

(3) 形成整体结构的等效结点荷载 $\{F_0\}$

依次将 $\{F_0\}^e$ 中的元素按单元定位向量 $\{\lambda\}^e$ 在 $\{F_0\}$ 中进行定位并累加，即得结构等效结点荷载 $\{F_0\}$。

结构总结点荷载 $\{F\} = \{F_0\} + \{F_a\}$，其中 $\{F_a\}$ 为直接作用的结点荷载。

11.2.6 矩阵位移法的计算步骤

(1) 整理原始数据，对单元和刚架进行局部编码和总体编码，确定局部坐标系和整体坐标系，确定单元定位向量；

(2) 形成局部坐标系中的单元刚度矩阵；

(3) 形成整体坐标系中的单元刚度矩阵：$[k]^e = T^T \overline{k}^e T$；

(4) 形成整体刚度矩阵 $[K]$：单元集成法；

(5) 形成结构总的结点荷载 $\{F\}$：先求局部坐标系下单元固端内力，转换成整体坐标系下的单元等效结点荷载，用单元集成法形成整体结构的等效结点荷载列阵；

(6) 解刚度方程，求结点位移列阵：

$$[K]\{\Delta\} = \{F\}$$

(7) 求各单元杆端内力，包括两部分：

1) 一部分是在结点位移被约束住的条件下杆端内力向量，即各杆固端约束力；

2) 另一部分是刚架在结点位移向量作用下的杆端内力向量：

$$\{\overline{F}\}^e = [\overline{k}]^e \{\overline{\Delta}\}^e + \{\overline{F}\}^e$$

11.3 本章习题

11.3.1 判断题

1. 矩阵位移法既能计算超静定结构，也能计算静定结构。　　　　　　　　　　(　　)

2. 单元 ij 在如图 11-3 所示两种坐标系中的刚度矩阵是完全相同的。　　　(　)

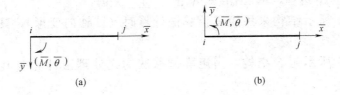

图 11-3

3. 单元刚度矩阵反映了该单元杆端位移与杆端力之间的关系。　　　(　)
4. 单元刚度矩阵均具有对称性和奇异性。　　　(　)
5. 整体坐标系和局部坐标系中的单元坐标转换矩阵是正交矩阵。　　　(　)
6. 结构整体刚度矩阵反映了结构结点位移与荷载之间的关系。　　　(　)
7. 整体刚度矩阵是对称矩阵，这可由位移互等定理验证。　　　(　)
8. 采用矩阵位移法计算连续梁时无需对单元刚度矩阵作坐标变换。　　　(　)
9. 矩阵位移法中等效结点荷载的"等效原则"是指与非结点荷载的结点位移相等。
　　　(　)
10. 在矩阵位移法中，结构在等效结点荷载作用下的内力，与结构在原荷载作用下的内力相同。　　　(　)
11. 一般情况下，矩阵位移法的基本未知量数目比传统位移法基本未知量的数目要多。　　　(　)
12. 在矩阵位移法中，处理位移边界条件时有先处理法和后处理法，其中前一种方法的未知量数目比后一种方法的少。　　　(　)
13. 用矩阵位移法求得图 11-4（a）所示结构中单元③的杆端力（整体坐标）为 $\{F\}^{③}=[-3\text{kN}\quad -1\text{kN}\quad -4\text{kN}\cdot\text{m}\quad 3\text{kN}\quad 1\text{kN}\quad -2\text{kN}\cdot\text{m}]^{\text{T}}$，则单元③弯矩图如图 11-4（b）所示。　　　(　)

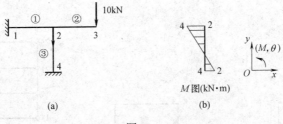

图 11-4

14. 矩阵位移法中的整体刚度方程和位移法典型方程是一回事，都是平衡方程。
　　　(　)
15. 单元定位向量反映的是变形连续条件和位移边界条件。　　　(　)
16. 结点位移编码方式对结构刚度矩阵没有影响。　　　(　)

11.3.2 填空题

1. 单元刚度矩阵中元素 k_{ij} 的物理意义是_____。
2. 整体坐标系下结构刚度矩阵中，元素 K_{ij} 的物理含义是_____。

3. 在矩阵位移法中，结构刚度方程表示的是_____和_____的关系。
4. 根据反力互等定理，单元刚度矩阵是_____矩阵。
5. 如图 11-5 所示结构采用矩阵位移法计算时（计轴向变形），其未知量数目为_____个。
6. 如图 11-6 所示组合结构，用矩阵位移法的先处理法计算时其未知量数目为_____个。

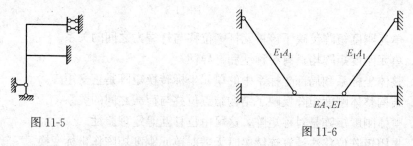

图 11-5　　　　　　图 11-6

7. 如图 11-7 所示桁架结构的刚度矩阵有_____个元素，其数值等于_____。

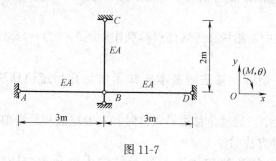

图 11-7

8. 如图 11-8 所示刚架用两种方式进行结点编号时，结构刚度矩阵最大带宽较小的是图_____。
9. 采用先处理法对如图 11-9 所示结构进行集成所得结构的刚度矩阵总未知量数为_____。

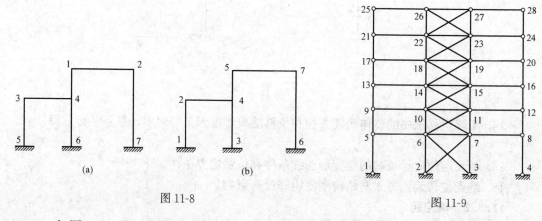

图 11-8　　　　　　图 11-9

10. 如图 11-10 所示刚架中，各杆 $EI=$ 常数，不考虑轴向变形，采用先处理法进行结点位移编号，其正确编号是_____。

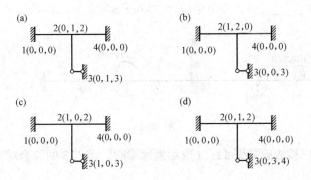

图 11-10

11. 如图 11-11 所示连续梁，忽略轴向变形，1、2 分别是结点位移分量编号，位移以顺时针为正方向，则该结构的刚度矩阵中的主元素 $K_{11}=$ _____，$K_{22}=$ _____。

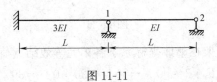

图 11-11

12. 如图 11-12 所示梁结构，忽略轴向变形，1、2 分别是结点位移分量编号，则刚度矩阵中元素 $K_{11}=$ _____。

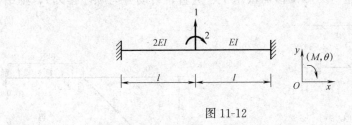

图 11-12

13. 如图 11-13 所示连续梁，结构刚度矩阵中元素 $K_{45}=$ _____，$K_{55}=$ _____。

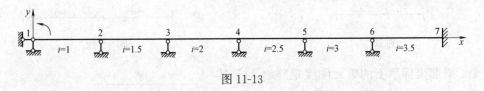

图 11-13

14. 如图 11-14 所示刚架，不计轴向变形，圆括号中数字为结点位移编码（力和位移均按水平、竖直、转动方向顺序排列），结构刚度矩阵中元素 $K_{11}=$ _____，$K_{22}=$ _____。

15. 如图 11-15 所示连续梁，单元①、②、③的固端弯矩列阵分别为 $\{\overline{F}_0\}^{(1)}=[-1200\ \ 1200]^T$、$\{\overline{F}_0\}^{(2)}=[-500\ \ 50]^T$、$\{\overline{F}_0\}^{(3)}=[0\ \ 0]^T$，则总的结

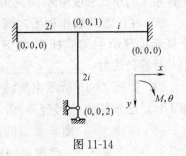

图 11-14

167

点荷载列阵 $\{F\}=$ _____。（力矩单位为"kN·m"）

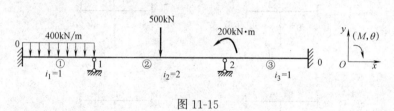

图 11-15

16. 采用矩阵位移法解如图 11-16 所示连续梁时，结点 3 的综合结点荷载是_____。

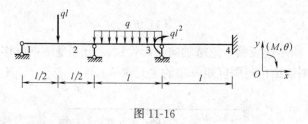

图 11-16

17. 如图 11-17 所示刚架在整体坐标系下各单元等效结点荷载分别为：$\{F_e\}^{①}=[10\ 0\ -10\ 10\ 0\ 10]^T$，$\{F_e\}^{②}=[0\ -30\ -20\ 0\ -30\ 20]^T$，则结构等效结点荷载矩阵 $\{F_e\}=$ _____。

18. 如图 11-18 所示刚架，各杆截面相同，图中给出了坐标系、单元编码及方向，圆括号内数为结点定位向量（力和位移均按水平、竖直、转动方向顺序排列），则结构等效结点荷载矩阵 $\{F_e\}=$ _____。

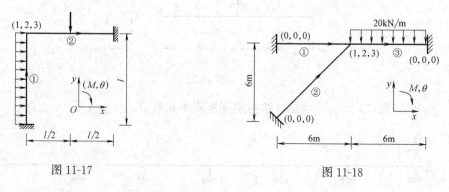

图 11-17　　　　　　图 11-18

19. 局部坐标系下的单元刚度矩阵 $\bar{k}^e$ 与整体坐标系下的单元刚度矩阵 k^e 的关系为_____。

20. 在任意荷载作用下，刚架中任一单元由于杆端位移所引起的杆端力 $[\bar{F}]^e$（局部坐标系中）计算公式为：_____。

21. 如图 11-19 所示刚架结构，轴向变形忽略不计。已知结点位移列阵 $\{\theta\}=\{5ql^2/(816i),\ -11ql^2/(816i)\}^T$，则单元②的杆端力矩分别为_____、_____。已知 $q=4$kN/m，$l=5$m。

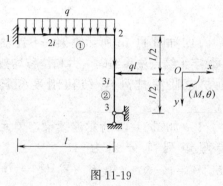

图 11-19

22. 用矩阵位移法求解如图 11-20 所示结构时，已求得 1 端由杆端位移引起的杆端力为 $\{F_1\}=[-6\text{kN} \quad -4\text{kN}\cdot\text{m}]^\text{T}$，则结点 1 处的竖向反力 $Y_1=$ _____。

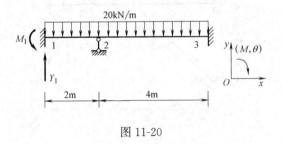

图 11-20

11.3.3 计算题

1. 写出如图 11-21 所示连续梁的整体刚度矩阵 $[K]$，图中给出了结构坐标系及转角位移编码。

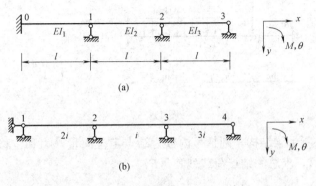

图 11-21

2. 如图 11-22 所示梁结构，图中圆括号内数为结点定位向量（力和位移均按水平、竖直、转动方向顺序排列），求结构刚度矩阵 $[K]$。已知 $EI=$ 常数。

3. 如图 11-23 所示刚架，不考虑轴向变形，图中给出了坐标系、单元编号及方向，图中圆括号内数为结点定位向量（力和位移均按水平、竖直、转动方向顺序排列），求其结构刚度矩阵 $[K]$。

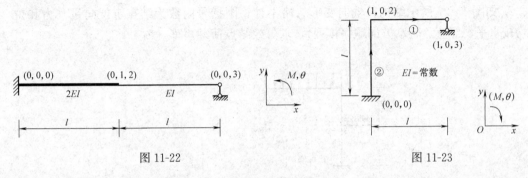

图 11-22   图 11-23

4. 如图 11-24 所示刚架，各杆截面相同，$E=1\times 10^7\text{kN/m}^2$，$A=0.24\text{m}^2$，$I=0.0072\text{m}^4$，图中给出了坐标系、单元编码及方向，图中圆括号内数为结点定位向量（力

和位移均按水平、竖直、转动方向顺序排列），求其结构刚度矩阵 $[K]$。

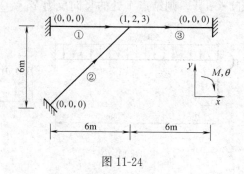

图 11-24

5. 如图 11-25 所示梁结构，圆括号内数为结点定位向量（力和位移均按竖直、转动方向顺序排列），求等效结点荷载列阵 $\{F_E\}$。

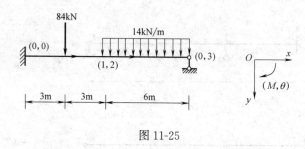

图 11-25

6. 如图 11-26 所示梁结构，圆括号内数为结点定位向量（力和位移均按水平、竖直、转动方向顺序排列），求总的结点荷载列阵 $\{F\}$。

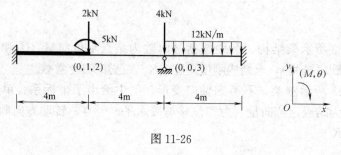

图 11-26

7. 如图 11-27 所示结构，轴向变形忽略不计，圆括号内数为结点定位向量（力和位移均按水平、竖直、转动方向顺序排列），求等效结点荷载矩阵 $\{F_E\}$。

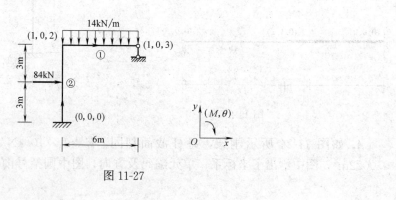

图 11-27

8. 如图 11-28 所示刚架结构，不计轴向变形，图中给出了整体坐标系和局部坐标系，求等效结点荷载列阵 $\{F_E\}$。

9. 如图 11-29 所示刚架，各杆 EA、EI 相等，整体坐标系和单元、结点，定位向量编号如图 11-29 所示，计算时不能忽略轴向变形。求结点 2 上的综合结点荷载 $\{F_2\}$。

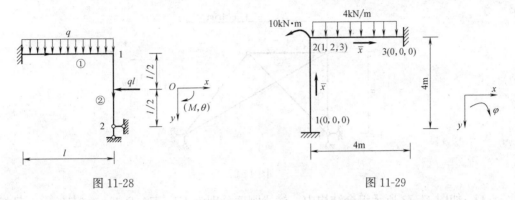

图 11-28   图 11-29

10. 如图 11-30 所示梁结构，已知 EI 为常数，用矩阵位移法建立其整体刚度方程。

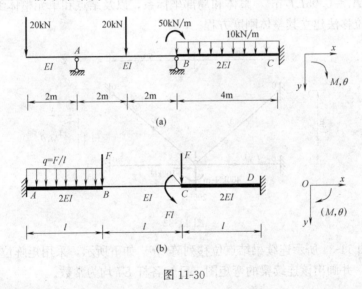

图 11-30

11. 如图 11-31 所示刚架结构，横梁、立柱的惯性矩分别为：$I_b = 0.08 \text{m}^4$、$I_c =$

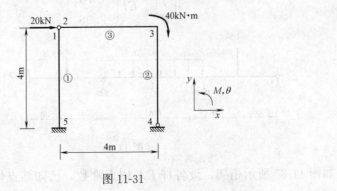

图 11-31

0.04m^4，E 为常数，不考虑轴向变形，坐标系方向、结点和单元整体编码如图 11-31 所示，用矩阵位移法建立其整体刚度方程。

12. 如图 11-32 所示桁架结构，设各杆 EA 相同，坐标系、结点和单元整体编码如图 11-32 所示，用矩阵位移法建立其整体刚度方程。

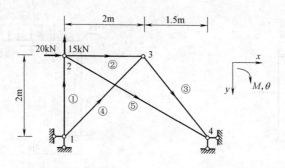

图 11-32

13. 如图 11-33 所示组合结构中，横梁刚度分别为 EI、EA 且 $EA=2EI/\text{m}^2$，吊杆抗拉刚度均为 $E_1A_1=0.05EI/\text{m}^2$，整体和局部坐标系，以及结点和单元整体编码如图 11-33 所示，用矩阵位移法建立其整体刚度方程。

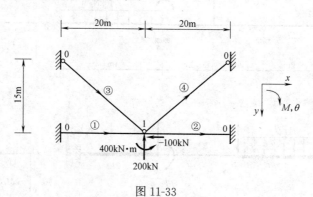

图 11-33

14. 已知图 11-34 所示连续梁结点位移列阵 $\{\theta\}$ 如下所示，采用矩阵位移法求单元②的杆端力矩阵，并画出该连续梁的弯矩图。已知各杆 EI 均为常数。

$$\begin{Bmatrix}\theta_1\\ \theta_2\\ \theta_3\end{Bmatrix}=\frac{1}{EI}\begin{bmatrix}-0.59\\ -2.82\\ 2.96\end{bmatrix}$$

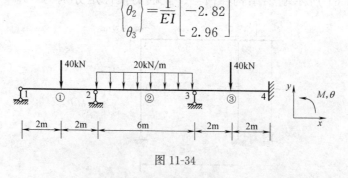

图 11-34

15. 如图 11-35 所示桁架，设各杆 EA 均为常数，已知结点位移矩阵 $\{\Delta\}$ 如下，用矩阵位移法求单元④的杆端力矩阵$\{\overline{F}\}^{④}$，并求支座反力$\{F_R\}$。

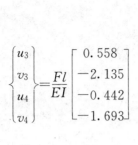

$$\begin{Bmatrix} u_3 \\ v_3 \\ u_4 \\ v_4 \end{Bmatrix} = \frac{Fl}{EI} \begin{bmatrix} 0.558 \\ -2.135 \\ -0.442 \\ -1.693 \end{bmatrix}$$

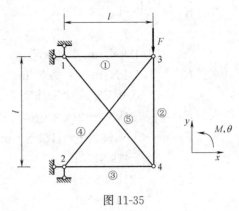

图 11-35

11.4 习题参考答案

11.4.1 判断题

1. √ 2. √ 3. √ 4. × 5. √ 6. × 7. × 8. √ 9. √ 10. × 11. √
12. √ 13. √ 14. × 15. √ 16. ×

11.4.2 填空题

1. 当且仅当杆端位移$\delta_j = 1$时引起的与δ_i相应的杆端力
2. 结构上编号为j的结点位移分量产生单位位移时，引起编号为i的结点力分量
3. 结点力　结点位移　　　　　　4. 对称　　　　　　　　5. 8
6. 6　　　　　　　　　　　　　7. 1　$2EA/l$　　　　　　8. (b)
9. 48　　　　　　　　　　　　10. (a)　　　　　　　　　11. $16EI/L$　$4EI/L$
12. $18EI/l^2$　　　　　　　　13. 5　22　　　　　　　　14. $20i$　$8i$
15. $[-700 \quad -700]^T$　　16. $11ql^2/12$　　　　　　17. $[10 \quad -30 \quad -10]^T$
18. $[0 \quad -60\text{kN} \quad 60\text{kN/m}]^T$　19. $k^e = T^T \overline{k}^e T$
20. $[\overline{F}]^e = [k]^e \{\overline{\Delta}\}^e = T[k]^e T^T$　21. $-ql^2/2$　0　　22. 14kN

11.4.3 计算题

1. (a) $[K] = \begin{bmatrix} 4(i_1+i_2) & 2i_2 & 0 \\ 2i_2 & i_2+4i_3 & 2i_3 \\ 0 & 2i_3 & 4i_3 \end{bmatrix}$, $i_1 = EI_1/l$, $i_2 = EI_2/l$, $i_3 = EI_3/l$

(b) $[K] = \begin{bmatrix} 8i & 4i & 0 & 0 \\ 4i & 12i & 2i & 0 \\ 0 & 2i & 16i & 6i \\ 0 & 0 & 6i & 12i \end{bmatrix}$

2. $[K] = \begin{bmatrix} 36i/l^2 & -6i/l & 6i/l \\ -6i/l & 12i & 2i \\ 6i/l & 2i & 4i \end{bmatrix}$, $i = EI/l$

3. $[K] = \dfrac{EI}{l} \begin{bmatrix} 1/3 & -1 & 0 \\ -1 & 8 & 2 \\ 0 & 2 & 4 \end{bmatrix}$

4. $[K] = \begin{bmatrix} 9.42\text{kN/m} & 1.41\text{kN/m} & -0.04\text{kN} \\ 1.41\text{kN/m} & 1.5\text{kN/m} & 0.04\text{kN} \\ -0.04\text{kN} & 0.04\text{kN} & 1.30\text{kN/m} \end{bmatrix} \times 10^5$

5. $\{F_E\} = [-84\text{kN}, -21\text{kN·m}, -42\text{kN·m}]^T$

6. $\{F\} = [-2\text{kN}, 5\text{kN·m}, 16\text{kN·m}]^T$

7. $\{F_E\} = \begin{Bmatrix} 42\text{kN} \\ -21\text{kN·m} \\ -42\text{kN·m} \end{Bmatrix}$

8. $\{F_E\} = [ql^2/24, -ql^2/8]^T$

9. $\{F_2\} = \begin{Bmatrix} 0 \\ -8\text{kN} \\ -14/3\text{kN·m} \end{Bmatrix}$

10. (a) $\begin{bmatrix} EI & \dfrac{EI}{2} \\ \dfrac{EI}{2} & 3EI \end{bmatrix} \begin{Bmatrix} \theta_A \\ \theta_B \end{Bmatrix} = \begin{bmatrix} -10 \\ \dfrac{160}{3} \end{bmatrix}$

    (b) $\dfrac{EI}{l} \begin{bmatrix} 36/l^2 & -6/l & -12/l^2 & 6/l \\ -6/l & 12 & -6/l & 2 \\ -12/l^2 & -6/l & 36/l^2 & 6/l \\ 6/l & 2 & 6/l & 12 \end{bmatrix} \begin{Bmatrix} v_B \\ \theta_B \\ v_C \\ \theta_C \end{Bmatrix} = \begin{Bmatrix} 3F/2 \\ -Fl/12 \\ F \\ -Fl \end{Bmatrix}$

11. $E \times 10^{-3} \times \begin{bmatrix} 15 & 15 & 0 & 15 & 15 \\ 15 & 40 & 0 & 0 & 0 \\ 0 & 0 & 80 & 40 & 0 \\ 15 & 0 & 40 & 120 & 20 \\ 15 & 0 & 0 & 20 & 40 \end{bmatrix} \begin{Bmatrix} u_1 \\ \theta_1 \\ \theta_2 \\ \theta_3 \\ \theta_4 \end{Bmatrix} = \begin{Bmatrix} 20 \\ 0 \\ 0 \\ -40 \\ 0 \end{Bmatrix}$

12. $EA \begin{bmatrix} 0.687 & 0.107 & -0.5 & 0 \\ 0.107 & 0.561 & 0 & 0 \\ -0.5 & 0 & 0.821 & 0.015 \\ 0 & 0 & 0.015 & 0.433 \end{bmatrix} \begin{Bmatrix} u_2 \\ v_2 \\ u_3 \\ v_3 \end{Bmatrix} = \begin{Bmatrix} 20 \\ -15 \\ 0 \\ 0 \end{Bmatrix}$

13. $0.05EI \begin{bmatrix} 4.05 & 0 & 0 \\ 0 & 0.089 & 0 \\ 0 & 0 & 8 \end{bmatrix} \begin{Bmatrix} u_1 \\ v_1 \\ \theta_1 \end{Bmatrix} = \begin{Bmatrix} -100 \\ 200 \\ -400 \end{Bmatrix}$

14. $\{F\}^{②} = \begin{bmatrix} 60.2\text{kN} \\ 51.1\text{kN·m} \\ 59.8\text{kN} \\ 49.6\text{kN·m} \end{bmatrix}$

M图(kN·m) with values 51.1, 49.6, 0.52

15. $\{\overline{F}\}^{④} = \begin{Bmatrix} \overline{X}_2 \\ \overline{Y}_2 \\ \overline{X}_3 \\ \overline{Y}_3 \end{Bmatrix}^{④} = F \begin{Bmatrix} 0.789 \\ 0 \\ -0.789 \\ 0 \end{Bmatrix} \quad \{F_R\} = \begin{Bmatrix} X_1 \\ Y_1 \\ X_2 \\ Y_2 \end{Bmatrix}^{④} = F \begin{Bmatrix} -1 \\ 0.442 \\ 1 \\ 0.558 \end{Bmatrix}$

第 12 章 结构的极限荷载

12.1 学习要求

本章主要讨论结构中应力超过材料弹性极限 σ_s 以后结构的极限承载能力（极限荷载）的问题，它是结构塑性分析的重要内容。先介绍了极限弯矩、塑性铰、极限状态及极限荷载等基本概念，然后基于比例加载时有关极限荷载的几个定理，重点讨论了单跨梁、连续梁和刚架结构的极限荷载求解方法：穷举法、试算法、静力法和机动法。

学习要求如下：

(1) 理解弹性分析方法和塑性分析方法的区别；
(2) 熟练掌握内力重分布、极限弯矩、塑性铰、破坏机构、破坏荷载等基本概念，要弄清塑性铰与普通铰的区别；
(3) 理解并掌握比例加载时有关极限荷载的三个定理，以及由此得到的极限荷载两种确定方法：穷举法和试算法；
(4) 能熟练地运用静力法和机动法确定某一可能破坏机构所对应的可破坏荷载；
(5) 能熟练地运用穷举法和试算法确定单跨超静定梁的极限荷载；
(6) 掌握连续梁的可能破坏机构形式，并能熟练地运用穷举法确定其极限荷载；
(7) 了解刚架结构的可能破坏机构形式，并能确定简单刚架结构的极限荷载。

其中，刚架结构可能破坏机构形式及极限荷载的确定是学习难点。

12.2 基本内容

12.2.1 几个基本概念

(1) 理想弹塑性材料应力-应变模型

理想弹塑性材料应力-应变关系如图 12-1 所示。加载时，应力达到屈服极限 σ_s 以前，材料是理想线弹性的，即应力-应变关系为 $\sigma = E\varepsilon$；应力达到屈服极限 σ_s 后，材料是理想塑性的，即应力保持不变但应变可以任意增长；在塑性阶段某点 C 处如果卸载，则应力应变将沿着与加载直线 OA 平行的直线 CD 下降，即卸载时材料恢复弹性。

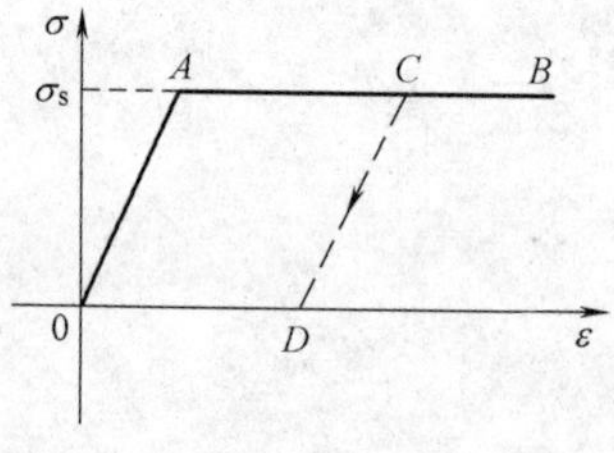

(2) 屈服弯矩 M_s

当截面最外侧纤维最大应力达到屈服极限 σ_s 时，截面所承受的弯矩称为屈服弯矩 M_s。如图 12-2 所示纯弯曲一般形式截面，可根据下式确定截面屈服弯矩大小：

$$\sigma_{max} = \frac{M_s \cdot y_{max}}{I} = \sigma_s \Rightarrow M_s = \frac{I}{y_{max}} \cdot \sigma_s$$

图 12-1 理想弹塑性材料应力-应变关系

式中，I 为截面惯性矩；y_{max} 为截面最边缘距中性轴最远的距离。

对矩形截面，由上式可得其屈服弯矩为：$M_s=bh^2\sigma_s/6$，这里 b、h 为矩形截面尺寸。

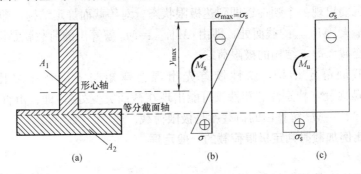

图 12-2　屈服弯矩和极限弯矩
（a）一般截面；（b）最外侧最大应力达到屈服极限；（c）全截面塑性状态

（3）极限弯矩 M_u

当截面上全部纤维应力都达到屈服极限 σ_s 时，截面所承受的弯矩称为极限弯矩 M_u，如图 12-2（c）所示。

截面极限弯矩的求解步骤如下：

1) 按全截面塑性时截面拉、压区面积相等（$A_1=A_2=A/2$，A 为截面全面积）的条件求出截面等面积轴的位置；

2) 分别求出面积 A_1、A_2 对等面积轴的静矩 S_1、S_2，则：

$$M_u=(S_1+S_2)\sigma_s$$

对矩形截面，由上式可得其极限弯矩为：

$$M_u=\frac{bh^2}{4}\sigma_s$$

（4）塑性铰

当受弯杆某截面承担的弯矩达到极限弯矩 M_u 时，截面纵向纤维可以自由伸长或缩短，其附近无限靠近的相邻两截面间可发生有限的相对转动，这就相当于在该截面处出现一个铰，称此为塑性铰。

塑性铰与普通铰的区别如下：

1) 普通铰不能承受弯矩，而塑性铰能承受极限弯矩；

2) 普通铰可以向两个方向自由转动，即为双向铰；

3) 塑性铰是单向铰，它的两侧只能发生与极限弯矩指向一致的单向相对转动（当荷载减小时，弯矩减小，材料恢复弹性，塑性铰消失）。

（5）破坏机构与极限荷载

当结构出现若干塑性铰而成为几何可变体系（包括几何瞬变）时，称为原结构的破坏机构。此时结构已丧失了继续承载的能力，即达到了极限状态。结构达到极限状态所能承受的荷载，称为极限荷载 F_u（或 q_u）。

以结构进入塑性阶段并最后丧失承载能力时的极限状态作为结构破坏的标志，这种分析方法称为塑性分析方法（极限状态分析方法）。

12.2.2 静定结构的极限荷载

(1) 等截面静定结构的极限荷载

静定结构只要出现一个塑性铰即到达极限状态。对等截面静定结构，塑性铰首先出现在弯矩绝对值最大 $|M|_{max}$ 的截面处，即由 $|M|_{max}=M_u$ 解算出的荷载就是极限荷载。

(2) 阶形变截面静定结构的极限荷载

对阶形变截面静定结构，塑性铰首先出现在弯矩与极限弯矩之比绝对值最大 $|M/M_u|_{max}$ 的截面处（特别注意塑性铰可能出现在截面突变处），即：由首先出现塑性铰截面处的弯矩 $|M|=M_u$ 解算出的荷载就是极限荷载。

12.2.3 比例加载时判定极限荷载的一般定理

(1) 比例加载

指作用于结构上的各个荷载增加时，始终保持它们之间原有的固定比例关系，且不出现卸载现象。所有荷载都包含一个公共参数 F，称为荷载参数，因此确定极限荷载实际上就是确定极限状态时的荷载参数 F。

(2) 结构达到极限状态时应满足的三个条件

1) 机构条件：在极限状态中，结构必须出现足够数目的塑性铰而变成机构（几何可变体系），并可沿荷载方向发生单向运动。

2) 内力局限条件：在极限状态中，任一截面的弯矩绝对值都不超过其极限弯矩，即：$|M|\leqslant M_u$；

3) 平衡条件：在极限状态中，结构整体或任一局部须维持平衡。

(3) 可破坏荷载 F^+ 与可接受荷载 F^-

把满足机构条件和平衡条件的荷载（不一定满足内力局限条件），称为可破坏荷载 F^+。

把满足内力局限条件和平衡条件的荷载（不一定满足机构条件），称为可接受荷载 F^-。

对任一结构有：$F^+ \geqslant F^-$。

(4) 比例加载时有关极限荷载的几个定理

1) 极小定理（上限定理）：极限荷载是所有可破坏荷载中的最小者，或所有可破坏荷载中的最小值为极限荷载的上限值，即：$F_u=F^+_{min}$。

2) 极大定理（下限定理）：极限荷载是所有可接受荷载中的最大者，或一些可接受荷载中的最大值是极限荷载的下限值，即：$F_u=F^-_{max}$。

3) 唯一性定理（单值定理）：某荷载既是可破坏荷载，又是可接受荷载，则可判断该荷载为极限荷载。

12.2.4 可破坏荷载的确定方法：静力法、机动法

对结构的某一可能破坏机构，确定其对应的可破坏荷载通常有静力法和机动法两种方法。

(1) 静力法求解步骤

1) 根据破坏机构塑性铰处弯矩等效为极限弯矩，通过静力平衡条件画出极限状态下的弯矩图；

2) 在弯矩图中由平衡条件反算出相应的荷载值即为该机构的可破坏荷载：通常在 M

图中分离出叠加简支梁 M^0 图，根据荷载的特点来求解。

（2）机动法求解步骤

1）将破坏机构中塑性铰变为普通铰，塑性铰截面上的极限弯矩 M_u 变为主动力；

2）沿荷载的正方向给机构虚位移，列刚体体系虚功方程：

$$\sum_{i=1}^{m} F_i \cdot \Delta_i - \sum_{j=1}^{n} M_{uj} \cdot \theta_j = 0$$

式中，Δ_i 为外荷载（广义荷载）F_i 相应的位移（广义位移）；θ_j 为塑性铰两侧截面的相对转角。

3）根据虚功方程，求出相应的荷载值，即为该破坏机构所对应的可破坏荷载。

12.2.5 计算极限荷载的基本方法

（1）穷举法确定结构极限荷载（利用极小定理）的步骤

1）列举结构所有可能出现的各种破坏机构（塑性铰通常出现位置有刚结点处、固定端及滑动支座处的杆端截面、集中荷载作用点、分布荷载范围内弯矩极值点、截面大小突变处）；

2）对每个破坏机构，由平衡条件或虚功原理求出相应的荷载（可破坏荷载），即可求出所有的可破坏荷载；

3）取所有可破坏荷载中的最小者，即为极限荷载。

（2）试算法确定极限荷载（利用单值定理）的步骤

1）任选一种破坏机构形式，由静力法或机动法求出相应的荷载（可破坏荷载）；

2）作出该破坏机构对应的弯矩图，若全部内力均满足内力局限条件，则该机构的可破坏荷载即为结构的极限荷载；若内力不满足内力局限条件，则另选一破坏机构再行试算，直至满足要求。

试算时，应选择外力功较大，极限弯矩所作的内力功相对小些的破坏机构进行试算。

因为试算法不必考虑全部的可能破坏机构，而只考虑一种（或几种）破坏机构情况，因此相对于穷举法，试算法较为简便。

12.2.6 连续梁的极限荷载

（1）连续梁的破坏机构

各跨内为等截面的连续梁，在比例加载且所有荷载方向均相同情况下，只可能发生各跨单独破坏机构，而不可能出现相邻各跨联合形成破坏机构（联合破坏机构）。

（2）连续梁极限荷载的确定方法（穷举法）

各跨内为等截面的连续梁，在比例加载情况下，其极限荷载计算步骤如下：

1）将每跨作为单独破坏机构，采用静力法或机动法计算各跨单独破坏荷载 F_i^+；

2）从各跨单独破坏荷载中取最小值，便是连续梁的极限荷载，即 $F_u = \min\{F_i^+\}$。

12.2.7 刚架的极限荷载

（1）刚架的破坏机构

刚架破坏机构包括基本机构和联合机构。

基本机构形式通常有：

1）梁式机构：横梁（或竖柱）上出现塑性铰而成为瞬变（其余部分仍为几何不变）的机构；

2) 侧移机构：各柱端出现塑性铰而成为瞬变的机构；

3) 结点机构：结点处出现塑性铰而成为机构。

联合机构是指由两种或两种以上基本机构适当组合，得若干新的破坏机构。对基本机构进行组合时，尽量使较多的塑性转角能互相抵消而闭合，使塑性铰处极限弯矩所作的功最小。由这样的组合机构所求得的可破坏荷载较小，有可能是极限荷载。

(2) 刚架极限荷载的确定方法

1) 确定基本机构数，用机动法求出梁机构和侧移机构的破坏荷载；

2) 由基本机构叠加（有一部分塑性铰闭合）得到联合机构，求出相应的破坏荷载；

3) 取全部可破坏荷载中最小值，即为极限荷载。

对于较复杂的刚架，由于可能破坏形式有很多种，容易漏掉一些破坏形式，因而得到的最小值只是极限荷载的上限值，不一定就是极限荷载。因此如果根据平衡条件检查它引起的弯矩分布图满足屈服条件，则根据单值定理，该荷载即为极限荷载。

12.3 本章习题

12.3.1 判断题

1. 服从理想弹塑性材料假定的结构，当其某截面达到塑性极限状态时，该截面上的弯矩值等于极限弯矩 M_u，并且截面上的应力处等于材料的屈服应力 σ_s。（ ）

2. 结构中出现足够多的塑性铰致使结构的整体或某一局部成为机构，结构即丧失了承载能力，从而达到塑性极限状态。（ ）

3. 结构的塑性极限荷载是指当结构中出现了足够多的塑性铰时，使结构成为破坏机构而丧失承载能力前所能承受的最大荷载。（ ）

4. 静力法求极限荷载的理论依据是下限定理，即最小的可破坏荷载为极限荷载。（ ）

5. 极限荷载应满足机构、内力局限和平衡条件。（ ）

6. 求极限荷载时出现塑性铰的数目与超静定次数无关，只取决于体系构造和承受荷载的情况。（ ）

7. 可接受荷载是极限荷载的下限，极限荷载是可接受荷载中的最大值。（ ）

8. 如图 12-3 所示等截面梁发生塑性极限破坏时，梁中最大弯矩发生在弹性阶段剪力等于零处。（ ）

图 12-3

9. 静定结构只要产生一个塑性铰即发生塑性破坏，n 次超静定结构一定要产生 $n+1$ 个塑性铰才会发生塑性破坏。（ ）

10. 超静定结构的极限荷载不受温度变化、支座移动等因素的影响。（ ）

11. 超静定结构极限荷载的计算，只需考虑静力平衡条件，不需要考虑变形条件，因而比弹性计算要简单。（ ）

12. 任意形式截面在形成塑性铰的过程中，中性轴位置都会保持不变。（   ）

12.3.2 填空题

1. 结构局部进入塑性阶段后并没有全部丧失承载能力，为了充分发挥材料潜力，采用塑性分析方法，求得结构的_____。

2. 具有一个对称轴截面的杆件在该对称轴平面内弯曲时，其中性轴的位置在弹性阶段与截面的_____轴重合，在塑性阶段与截面的_____轴重合。

3. 从弹性阶段到塑性阶段，截面中性轴的位置保持不变的情况只存在于_____。

4. 如图 12-4 所示截面，其材料的屈服极限 $\sigma_s = 24 \text{kN/cm}^2$，则可算得截面极限弯矩 $M_u =$ _____。

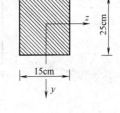

图 12-4

5. 相较于普通铰，塑性铰具有下列特征：_____。塑性铰沿弯矩_____（填增大或减小）的方向发生有限转动。

6. 静定结构的塑性铰总是出现在_____。

7. 结构达到塑性极限状态时应满足下列三个条件：_____、_____、_____。

8. 求极限荷载时限定的等比例加载条件有两层意思：一是结构上的荷载只能_____增加，二是结构上所有的荷载应能用_____表示。

9. 可破坏荷载满足静力平衡条件和_____条件，但不一定满足_____条件。

10. 可破坏荷载 F_u^+ 与可接受荷载 F_u^- 之间的大小关系为：_____。

11. 计算极限荷载的基本方法有_____、_____。

12. 对某一破坏机构，确定相应可破坏荷载的基本方法有：_____，_____。

13. 可破坏荷载是极限荷载的_____，可接受荷载是极限荷载的_____。

14. 穷举法计算极限荷载是利用了_____定理，试算法计算极限荷载是利用了_____定理。

15. 在同方向比例加载前提下，多跨连续梁的破坏机构一般是_____，而不可能是相邻跨形成联合破坏机构。

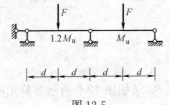

图 12-5

16. 如图 12-5 所示梁的极限荷载 $F_u =$ _____。

17. 如图 12-6 所示为等截面连续梁，其破坏机构不可能的是（   ）。

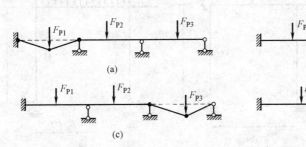

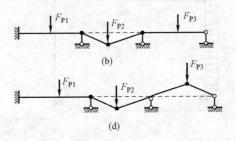

图 12-6

12.3.3 计算题

1. 求如图 12-7 所示钢构件截面所能承受的屈服弯矩 M_s 及极限弯矩 M_u，已知钢材屈服极限 $\sigma_s = 345$MPa。

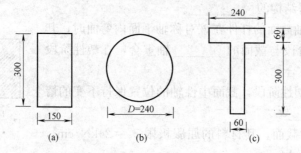

图 12-7 （单位：mm）

2. 求如图 12-8 所示各静定梁的极限荷载，已知 M_u 为常数。

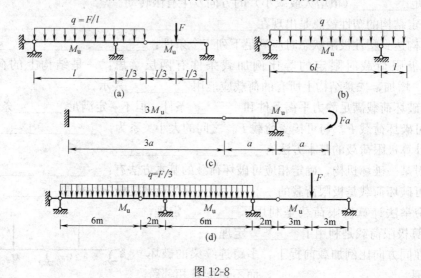

图 12-8

3. 求如图 12-9 所示各静定刚架结构的极限荷载 F_u，已知 M_u 为常数。

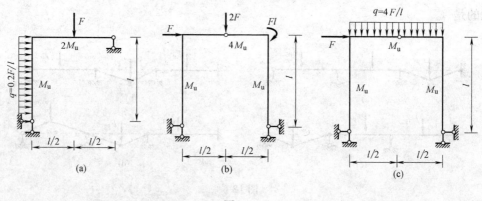

图 12-9

4. 求如图 12-10 所示各单跨超静定梁的极限荷载，已知 M_u 为常数。

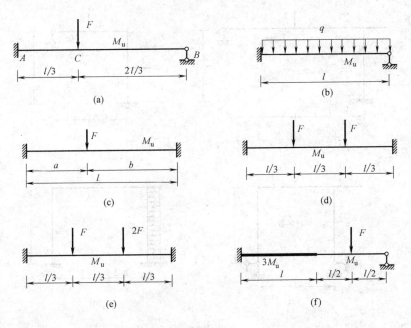

图 12-10

5. 求如图 12-11 所示各连续梁的极限荷载，已知 M_u 为常数。

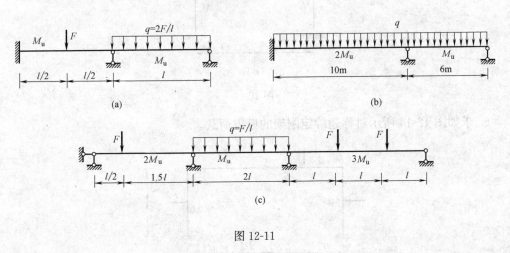

图 12-11

6. 确定如图 12-12 所示连续梁的极限荷载，已知 $M_u = 80 \text{kN} \cdot \text{m}$，$l = 2\text{m}$。

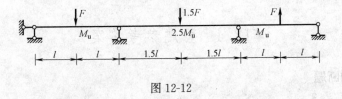

图 12-12

7. 求如图 12-13 所示超静定刚架的极限荷载，已知 M_u 为定值。

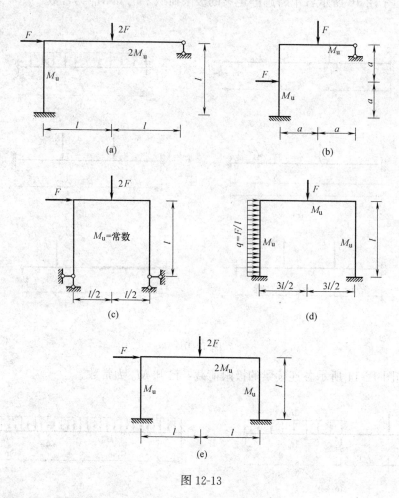

图 12-13

8. 求如图 12-14 所示对称超静定刚架的极限荷载。

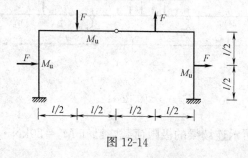

图 12-14

12.4 习题参考答案

12.4.1 判断题

1. √ 2. √ 3. √ 4. × 5. √ 6. √ 7. √ 8. × 9. × 10. √ 11. √
12. ×

12.4.2 填空题

1. 极限荷载 　　　　　　2. 形心　等分截面　　　　3. 双向对称截面
4. 562.5kN·m　　　　　5. 单向铰、能承受极限弯矩　增大
6. 截面弯矩与其极限弯矩比值绝对值最大的截面处
7. 平衡条件　机构条件　内力局限条件　　　　8. 比例　荷载参数
9. 单向机构　内力局限　　10. $F_u^+ \geqslant F_u^-$　　　　11. 穷举法　试算法
12. 静力法　机动法　　　　13. 上限　下限　　　　14. 极小　唯一性
15. 各跨跨内形成单独破坏机构　16. $2M_u/d$　　17.（d）

12.4.3 计算题

1. (a) $M_s = 776.25$ kN·m　$M_u = 1164.375$ kN·m
   (b) $M_s = 58.5$ kN·m　$M_u = 99.36$ kN·m
   (c) $M_s = 598.5$ kN·m　$M_u = 1061.91$ kN·m

2. (a) $F_u = \dfrac{9M_u}{2l}$　　(b) $q_u = \dfrac{4.25M_u}{l^2}$　　(c) $F_u = \dfrac{M_u}{a}$　　(d) $F_u = \dfrac{3}{8}M_u$

3. (a) $F_u = \dfrac{20M_u}{3l}$　　(b) $F_u = \dfrac{2M_u}{l}$　　(c) $F_u = \dfrac{M_u}{l}$

4. (a) $F_u = 7.5\dfrac{M_u}{l}$　(b) $q_u = 11.65\dfrac{M_u}{l^2}$　(c) $F_u = \dfrac{2l}{ab}M_u$　(d) $F_u = 6\dfrac{M_u}{l}$
   (e) $F_u = \dfrac{18M_u}{5l}$　　(f) $F_u = \dfrac{14M_u}{3l}$

5. (a) $F_u = 5.828\dfrac{M_u}{l}$ (b) $q_u = 0.28M_u$　　(c) $F_u = \dfrac{10M_u}{3l}$

6. $F_u = \dfrac{32M_u}{13l} = 98.46$ kN

7. (a) $F = \dfrac{5M_u}{3l}$　　(b) $F = \dfrac{1.5M_u}{a}$　　(c) $F = \dfrac{2M_u}{l}$
   (d) $F = \dfrac{1.714M_u}{l}$　(e) $F = \dfrac{8M_u}{3l}$

8. $F_u = \dfrac{3M_u}{l}$

第 13 章 结构的弹性稳定

13.1 学习要求

本章讨论弹性结构的稳定性计算问题。首先讨论了两类稳定性问题的基本概念，然后针对有限自由度体系和无限自由度体系（弹性压杆），分别讨论了分支点失稳时临界荷载的两种确定方法：静力法和能量法；并对具有弹性支座压杆的稳定性进行了分析。本章是材料力学中有关压杆问题的进一步加深和提高。

学习要求如下：

(1) 掌握结构失稳的概念以及结构失稳的两种形式，并理解第一类稳定问题与第二类稳定问题临界状态的静力特征；

(2) 重点掌握用静力法确定有限自由度体系的临界荷载和无限自由度体系的临界荷载；

(3) 理解用能量法确定临界荷载的基本原理，重点掌握用能量法确定有限自由度体系的临界荷载，了解用能量法求弹性压杆体系临界荷载的方法；

(4) 掌握在刚架及排架等结构的稳定问题分析中，某一压杆简化成具有弹性支座弹性压杆的简化方法，以及具有弹性支座弹性压杆稳定性分析问题。

其中，稳定问题临界状态静力特征的理解，以及刚架及排架等结构中具有弹性支座弹性压杆的简化问题是学习难点。

13.2 基本内容

13.2.1 基本概念

(1) 结构平衡状态的三种不同形式

稳定平衡：处于平衡状态的结构，受到轻微干扰而稍微偏离其原始平衡位置；当干扰撤除后，如果结构能够恢复到原始平衡位置，则原始平衡状态为稳定平衡状态。

不稳定平衡：处于平衡状态的结构，受到轻微干扰而稍微偏离其原始平衡位置；当干扰撤除后，结构继续偏离，不能恢复到原始平衡位置，则原始平衡状态称为不稳定平衡状态。

随遇平衡（中性平衡）：结构由稳定平衡状态到不稳定平衡的中间过渡状态称为中性平衡状态。

(2) 稳定性及结构失稳

结构的稳定性：是指结构受外因作用后，能够保持其原有变形（平衡）形式的能力。

结构失稳：随着荷载的增大，结构的原始平衡状态可能由稳定平衡状态转变为不稳定平衡状态，这时原始平衡状态丧失其稳定性，即为结构失稳（或结构屈曲）。

(3) 结构失稳的两种基本形式

1) 第一类失稳：分支点失稳

当荷载达到临界值时，结构原来的平衡形式成为不稳定平衡，既原始平衡形式不再是唯一的平衡形式，而可能出现新的、有本质区别的平衡形式和变形形式。在 P-Δ 曲线上，原始平衡路径与新平衡路径并存（平衡形式具有二重性），两路径的交点为分支点，分支点对应的荷载即为临界荷载 F_{cr}，对应的平衡状态称为临界状态。

2) 第二类失稳：极值点失稳

当荷载达到临界值时，结构原来的平衡形式并不发生质变（只是量变），结构变形按其原有的形式迅速增大而丧失承载力。P-Δ 曲线具有极值点，在极值点以前平衡状态是稳定的；在极值点以后，当挠度增大时，其相应的荷载值反而下降，平衡状态是不稳定的。

本章仅讨论第一类失稳问题。

(4) 临界荷载

由稳定平衡到不稳定平衡的过渡状态称为临界状态，相应的荷载值称为临界荷载 F_{cr}。第一类失稳问题的临界荷载为分支点荷载，第二类失稳问题的临界荷载为极值点处荷载值。

(5) 稳定自由度

确定结构失稳时所有可能的变形状态所需要的独立参数数目，称为结构的稳定自由度。

有限个稳定自由度体系，通常由刚性杆及弹性约束组成。具有无限个稳定自由度体系，通常具有弹性压杆。

13.2.2 用静力法确定临界荷载

(1) 静力法基本原理

静力法确定临界荷载是以结构失稳时平衡的二重性为依据，应用静力平衡条件，寻求结构在新的形式下能维持平衡的荷载，其最小值即为临界荷载。

(2) 静力法确定有限自由度体系临界荷载的步骤

1) 对于具有 n 个稳定自由度的结构，先假设体系发生微小位移，偏离初始平衡位置，处于新的平衡形式（需设 n 个独立位移参数确定）；

2) 在新的平衡位置处可列出 n 个独立平衡方程，它们是关于 n 个独立位移参数的线性齐次代数方程组；

3) 根据线性齐次方程组有非零解（即 n 个位移参数不能全为零，否则对应于原有平衡形式），因而其系数行列式应等于零，即可建立稳定方程或特征方程：$D=0$；

4) 稳定方程有 n 个根，即有 n 个特征荷载，其中最小的为临界荷载 F_{cr}。

(3) 静力法确定无限自由度体系（弹性压杆）临界荷载的步骤

1) 对于无限稳定自由度体系，先假设结构体系发生微小位移，偏离初始平衡位置，满足位移约束条件的新变形位置曲线可表示为 $y=f(x)$；

2) 在新的变形位置建立平衡微分方程（不是代数方程）：

$$EIy''=\pm M(x)$$

3) 求解此微分方程：将微分方程整理成标准形式并求解，得到包含待定常数的位移及内力解；利用位移和力的边界条件得到一组与未知数数目相同的齐次代数方程组；

4）根据线性齐次方程组有非零解，因而其系数行列式应等于零，即可建立稳定方程 $D=0$；

5）解稳定方程，取最小值，为临界荷载。

对无限自由度体系，稳定方程是超越方程，有无穷多处根（结合图解法和试算法），因而有无穷多个特征荷载（相应有无穷多种变形曲线形式），其中最小者为临界荷载。

建立弹性杆平衡微分方程 $EIy''=\pm M(x)$ 时正负号的规定：当由弯矩形成的曲线在所选用的坐标系中的曲率为正时，取正号，如图 13-1（a）所示；当由弯矩形成的曲线在所选用的坐标系中的曲率为负时，取负号，如图 13-1（b）所示。

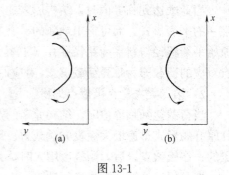

图 13-1

不同支承情况下轴心受压弹性杆的稳定方程及临界荷载见表 13-1，临界荷载可统一表示为：

$$F_{cr}=\frac{\pi^2}{(\mu l)^2}EI$$

式中，μl 表示不同压杆屈曲后挠曲线上正弦半波的长度。

不同支承情况下轴心受压等截面弹性杆的稳定方程及临界荷载　　表 13-1

序号	简图	稳定方程	临界荷载	μl
1（两端铰接）		$\sin(nl)=0$	$F_{cr}=\left(\dfrac{\pi}{l}\right)^2 EI$	l
2（一端铰支一端固定）		$\tan(nl)=nl$	$F_{cr}=\left(\dfrac{\pi}{0.7l}\right)^2 EI$	$0.7l$
3（一端固定一端悬臂）		$\tan(nl)=\infty$	$F_{cr}=\left(\dfrac{\pi}{2l}\right)^2 EI$	$2l$

续表

序号	简图	稳定方程	临界荷载	μl
4 （两端固定）			$F_{cr}=\left(\dfrac{\pi}{0.5l}\right)^2 EI$	$0.5l$

13.2.3 能量法确定临界荷载

（1）能量法基本原理

用能量法确定临界荷载，就是以结构失稳时平衡的二重性为依据，应用以能量形式表示的平衡条件，寻求结构在新的形式下能维持平衡的荷载，其中最小者为临界荷载。

某些复杂情况下，用静力法确定临界荷载较困难时，常采用便于计算的能量法，能得到满足的解答：如静力法中微分方程具有变系数而不能积分为有限形式；边界条件复杂，根据静力法导出高阶的行列式，不易展开求解；特别是各种变截面压杆及轴向荷载沿杆长连续变化的压杆等。

（2）线弹性变形体系的应变能

弹性体的应变能，是指由于杆件产生应变而储存的能量，等于截面内力在应变上所做的功。其计算公式为：

$$V_\varepsilon = \sum\int \frac{1}{2}EA\varepsilon^2 ds + \sum\int \frac{1}{2k}GA\gamma^2 ds + \sum\int \frac{1}{2}EI\kappa^2 ds$$

式中，EA、GA、EI 分别为截面抗拉、抗剪及抗弯刚度；ε、γ、κ 分别为轴向、剪切及弯曲应变。

对受弯杆件一般只考虑弯曲应变能，即：

$$V_\varepsilon = \sum\int \frac{1}{2}EI\kappa^2 ds = \frac{1}{2}\sum\int EI(y'')^2 ds$$

对桁架杆件只有轴向变形，应变能为：

$$V_\varepsilon = \sum\int \frac{1}{2}EA\varepsilon^2 ds = \sum \frac{F_N^2 l}{2EA}$$

（3）体系的总势能

体系的总势能 E_P 等于应变能 V_ε 与荷载（外力）势能 V_P 之和，即：

$$E_P = V_\varepsilon + V_P$$

若体系中有弹性约束，应变能应加上弹性约束的应变能。

外力（荷载）势能为各荷载在其相应位移上所作虚功总和的负值，即：

$$V_P = -\sum_{i=1}^{n} F_i \Delta_i$$

式中：F_i 是结构上的外力；Δ_i 是在虚位移中与外力 F_i 相应的位移。

梁、刚架结构的总势能可表示为：

$$E_P = \sum\int \frac{1}{2}EI(y'')^2 ds - \sum_{i=1}^{n} F_i \Delta_i$$

(4) 临界状态的能量特征（势能驻值原理）

当荷载等于临界荷载时，体系总势能为驻值且位移有非零解；或当荷载等于临界荷载时，总势能增量（一阶变分）为零，即：

$$\delta E_P = \frac{\partial E_P}{\partial a_1}\delta a_1 + \frac{\partial E_P}{\partial a_2}\delta a_2 + \cdots + \frac{\partial E_P}{\partial a_n}\delta a_n = 0$$

由 $\delta E_P = 0$ 及 δa_1、$\delta a_2 \cdots \delta a_n$ 的任意性可知：

$$\begin{cases} \dfrac{\partial E_P}{\partial a_1} = 0 \\ \dfrac{\partial E_P}{\partial a_2} = 0 \\ \vdots \\ \dfrac{\partial E_P}{\partial a_n} = 0 \end{cases}$$

式中，a_1、$a_2 \cdots a_n$ 为位移参数。

(5) 用能量法确定有限自由度体系临界荷载的步骤

1) 对于具有 n 个稳定自由度的结构，先假设结构体系发生微小位移，偏离初始平衡位置，处于新的平衡形式（需设 n 个独立位移参数 a_1，$a_2 \cdots a_n$ 确定）。

2) 在新的平衡位置处计算体系总势能

由刚性杆和弹性约束组成的有限自由度体系，其总势能 E_P 为弹性约束的应变能和荷载势能之和，可表示为 n 个独立位移参数的函数，即：$E_P = E_P(a_1，a_2 \cdots a_n)$。

3) 根据势能驻值条件：

$$\begin{cases} \dfrac{\partial E_P}{\partial a_1} = 0 \\ \dfrac{\partial E_P}{\partial a_2} = 0 \\ \vdots \\ \dfrac{\partial E_P}{\partial a_n} = 0 \end{cases}$$

得到一组关于 a_1，$a_2 \cdots a_n$ 的齐次线性方程组。

4) 根据线性齐次方程组有非零解（即 n 个位移参数不能全为零，否则对应于原有平衡形式），因而其系数行列式应等于零，即可建立稳定方程或特征方程 $D=0$。

5) 稳定方程有 n 个根，即有 n 个特征荷载，其中最小解即为临界荷载 F_{cr}。

(6) 用能量法确定无限自由度体系临界荷载的步骤

能量法确定无限自由度体系临界荷载，是选定若干种可能位移并计算临界荷载，根据势能驻值原理（即弹性结构的一切可能位移中，真实位移使总势能为驻值），再从中找出最小值，它是临界荷载的一个上限，将它作为临界荷载的一个近似值。具体步骤如下：

1) 假设采用具有 n 个独立参数的已知位移函数来代替真实的未知位移失稳曲线，即将无限自由度体系简化为有限自由度体系。根据瑞利-李兹法，假设压杆挠曲线函数 y 为有限个已知函数的线性组合，即：

$$y = a_1\varphi_1(x) + a_2\varphi_2(x) + \cdots + a_n\varphi_n(x) = \sum_{i=1}^{n} a_i\varphi_i(x)$$

式中，$\varphi_i(x)$ 是满足位移边界条件的已知位移函数；a_i 是 n 个独立参数。

2）在新的位移状态下计算体系总势能，可表示为 n 个独立参数的函数，即：$E_P = E_P(a_1, a_2 \cdots a_n)$。

3）根据势能驻值条件，得到一组关于 $a_1, a_2 \cdots a_n$ 的齐次线性方程组。

4）根据线性齐次方程组有非零解（即 n 个参数不能全为零，否则对应于原有平衡形式），因而其系数行列式应等于零，可建立稳定方程或特征方程 $D=0$。

5）稳定方程有 n 个根，即有 n 个特征荷载，其中最小解即为临界荷载 F_{cr}。

可见，步骤（3）～（5）与有限自由度能量法求解步骤是完全相同的。

（7）几点说明

1）满足位移边界条件的常用挠曲线函数形式见表 13-2。

常用挠曲线函数形式　　　　　　　　　　表 13-2

序号	计算简图	常用挠曲线函数
1		(a) $y = a_1 \sin \dfrac{\pi x}{l} + a_2 \sin \dfrac{2\pi x}{l} + a_3 \sin \dfrac{3\pi x}{l} + \cdots$ (b) $y = a_1 x(l-x) + a_2 x^2(l-x) + a_3 x(l-x)^2 + \cdots$
2		$y = a_1 x^2(l-x) + a_2 x^3(l-x) + \cdots$
3		(a) $y = a_1\left(1 - \cos\dfrac{\pi x}{2l}\right) + a_2\left(1 - \cos\dfrac{3\pi x}{2l}\right) + a_3\left(1 - \cos\dfrac{5\pi x}{2l}\right) + \cdots$ (b) $y = a_1\left(x^2 - \dfrac{1}{6l^2}x^4\right) + a_2\left(x^6 - \dfrac{15}{28l^2}x^8\right) + \cdots$

序号	计算简图	常用挠曲线函数
4		(a) $y=a_1\left(1-\cos\dfrac{2\pi x}{l}\right)+a_2\left(1-\cos\dfrac{6\pi x}{l}\right)+a_3\left(1-\cos\dfrac{10\pi x}{l}\right)+\cdots$ (b) $y=a_1 x^2(l-x)^2+a_2 x^3(l-x)^3+\cdots$

2) 能量法和静力法是确定临界荷载的两种基本方法，静力法是利用临界状态时的静力平衡条件，能量法是利用了临界状态的能量特征。两种方法方法得到的稳定方程（特征方程）是一样的，即势能驻值条件等价于静力法中用位移参数表示的平衡方程。

3) 在无限自由度体系能量法计算中，若所设压杆挠曲线与真实的失稳曲线相吻合，则用能量法求得的临界荷载即是精确解；若不吻合，则只能得到大于精确解的近似解。因为近似的失稳曲线相当于人为地加入了某些约束，增大了压杆抵抗失稳的能力。一般情况下，对常用的挠曲线函数选择的项数越多，能提高计算临界荷载的精度。

13.2.4 具有弹性支座压杆的稳定

（1）弹性支座简化原则

在计算刚架、排架等结构的稳定问题时，为了研究其中某一压杆的稳定性，常将与其相连各杆的作用简化成弹性支承，从而可将体系简化为便于稳定性分析的力学模型。

非受压结构对受压杆件的弹性支承作用，一般简化标准为：除所选压杆外，结构其余部分必须满足无压杆原则及不重复原则。

1) 无压杆原则：除所选压杆外其余部分中无压杆存在；

2) 不重复原则：组成各弹性支承的杆件互不重复，否则各弹簧将相互影响，计算不方便，而且不能用相互独立的弹簧刚度来表示。

（2）常见弹性压杆的简化

如图 13-2（a）所示刚架，AB 杆上端铰支，下端不能移动但可转动，其转动受 BC 杆弹性约束，可用抗转弹簧表示。因此，为了研究杆 AB 的稳定性，可用图 13-2（b）所示简图来表示。

如图 13-3（a）所示排架结构，其稳定问题可简化为柱 AB 的稳定问题，而柱 CD、横梁 BD 对柱 AB 的作用可用柱顶的弹性支承来代替，如图 13-3（b）所示。

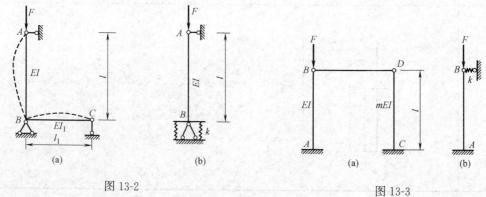

图 13-2　　　　　　　　　　　　　图 13-3

（3）常见的具有弹性支座压杆的稳定方程

常见的具有弹性支座弹性压杆的稳定方程见表 13-3，具体分析过程详见例题分析。

常见的具有弹性支座压杆的稳定方程　　　　表 13-3

序号	具有弹性支座压杆的简图	稳定方程
1	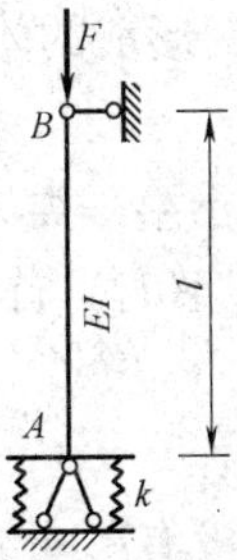	一端铰支一端弹性抗转弹簧支承的弹性压杆： $\tan(nl) = \dfrac{nl}{1+\dfrac{EI}{kl}(nl)^2}, n^2 = \dfrac{F}{EI}$
2	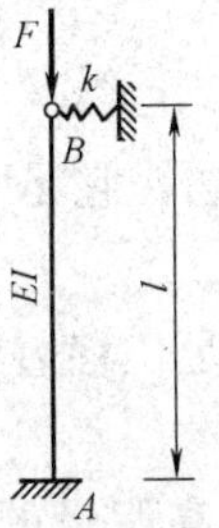	一端固定一端为抗移弹性支座的压杆： $\tan(nl) = nl - \dfrac{EI(nl)^3}{kl^3}, n^2 = \dfrac{F}{EI}$
3	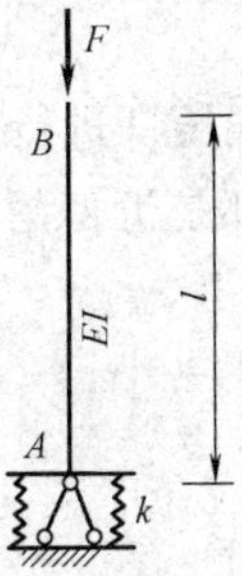	一端弹性固定一端自由的压杆： $nl\tan(nl) = \dfrac{kl}{EI}, n^2 = \dfrac{F}{EI}$
4	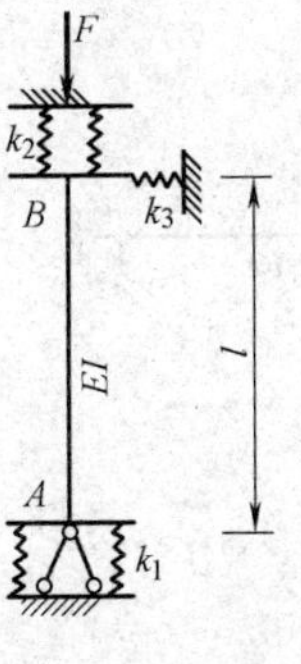	一般情况：两端各有一抗转弹簧，一端还有一抗移弹簧的压杆，稳定方程为： $\begin{vmatrix} 1 & 0 & \left(1-\dfrac{k_3 l}{F}\right) & \dfrac{k_2}{F} \\ \cos(nl) & \sin(nl) & 0 & \dfrac{k_2}{F} \\ 0 & n & -\left(\dfrac{k_3}{F}+\dfrac{F-k_3 l}{k_1}\right) & -\dfrac{k_2}{k_1} \\ -n\sin(nl) & n\cos(nl) & \dfrac{k_3}{F} & 1 \end{vmatrix} = 0$

13.3 本章习题

13.3.1 判断题

1. 稳定问题是要找出外荷载与结构内部抵抗力之间的不稳定平衡状态，即变形开始急剧增长的状态，从而避免进入该状态。稳定性计算以结构变形前的体系作为计算图形。（　）

2. 压弯杆件和承受非结点荷载作用的刚架丧失稳定都属于第一类失稳。（　）

3. 结构的稳定问题是一个变形问题，求临界荷载的近似解时，首先应设定一种可能的失稳形态。（　）

4. 稳定方程是根据稳定平衡状态建立的平衡方程。（　）

5. 增大或减小杆端约束的刚度，对压杆的临界荷载数值没有影响。（　）

6. 相同材料、尺寸及支承条件的空心压杆与实心压杆相比，实心压杆的临界力大。（　）

7. 当考虑剪切变形时，轴向受压杆的临界荷载会增大。（　）

8. 瑞利-利兹法一般用于计算无限自由度结构的稳定问题，它是一种近似计算方法，用瑞利-利兹法计算出的临界荷载总是大于临界荷载的精确解。（　）

9. 用能量法求解压杆稳定问题时，所选可能位移必须满足位移边界条件。（　）

10. 结构的临界荷载可由其势能取驻值求得。（　）

11. 要提高用能量法计算临界荷载的精确度，不在于提高假设的失稳曲线的近似程度，而在于改进计算工具。（　）

12. 对称结构承受对称荷载时总是按对称变形形式失稳。（　）

13. 刚架的稳定问题总是可以简化为具有弹性支承的单根压杆进行计算。（　）

14. 按能量法计算无限自由度体系的临界荷载结果一般都是近似解，且总是大于精确解。（　）

15. 不能用能量法计算弹性支座压杆的临界荷载。（　）

13.3.2 填空题

1. 第一类失稳与第二类失稳的区别是_____。

2. 如图 13-4 所示两结构，其中图 13-4（a）压杆 AB 的稳定问题属于第____类失稳问题，图 13-4（b）压杆 AB 的失稳问题属于第____类稳定问题。

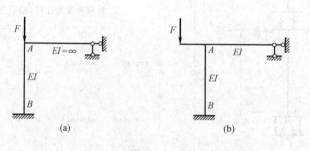

图 13-4

3. 结构由稳定平衡到不稳定平衡，其临界状态的静力特征是_____。
4. 临界状态的能量特征是_____。
5. 临界荷载与压杆的支承情况有关，支承的刚度越大，临界荷载越_____。
6. 计算临界荷载的基本方法有两种：_____和_____。
7. 如图 13-5 所示各体系中杆件 $EI=\infty$，进行稳定分析时自由度分别为____、____、____。

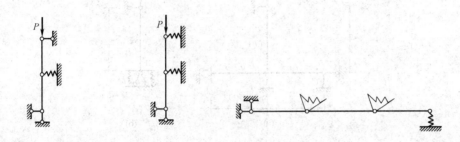

图 13-5

8. 对某一长度的弹性构件，其临界荷载与其本身的_____和结构两端_____有关，这一点从两端铰接杆件的临界荷载即欧拉公式可以说明。
9. 如图 13-6 所示两组压杆的临界荷载分别为 F_{cr1} 和 F_{cr2}，则两者的大小关系是：_____。

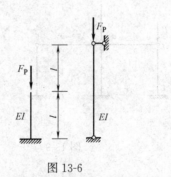

图 13-6

10. 如图 13-7 所示三种情况下等截面直压杆的杆长和 EI 均相等，三个压杆临界荷载分别为 F_{cr1}、F_{cr2} 和 F_{cr3}，则它们之间的大小关系是：_____。

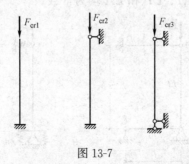

图 13-7

11. 利用势能驻值原理计算临界荷载是根据体系在临界状态时的特征为_____。

12. 用能量法求无限自由度体系的临界荷载时，所假设的失稳曲线 $y(x)$ 必须满足_____条件，并尽量满足_____条件。

13. 解稳定性问题时，将如图 13-8（a）所示刚架结构，简化为如图 13-8（b）所示的带有弹性约束的单个压杆，其中弹性支座的刚度系数 $k=$ _____。

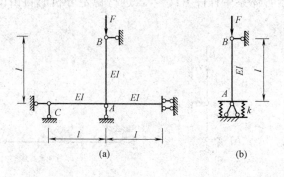

图 13-8

14. 如图 13-9 所示体系的横梁（链杆）$EA=\infty$，其余各杆 $EI=$ 常数，将其转化为如图 13-9（b）所示的弹性支承压杆，则弹簧的刚度系数 $k=$ _____。

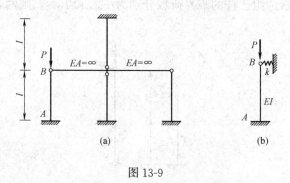

图 13-9

15. 解稳定性问题时，通常将如图 13-10（a）所示刚架结构中的压杆 AB，简化为如图 13-10（b）所示的带有弹性约束的单个压杆，则其中弹性支座刚度系数分别为：$k_1=$ _____，$k_2=$ _____。已知 EI、EI_1 和 EA 均为常数。

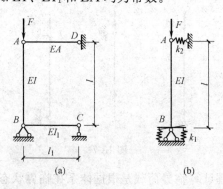

图 13-10

16. 如图 13-11（a）所示结构可简化为图 13-11（b）所示单根压杆计算，则抗转弹簧刚度 $k=$ _____。

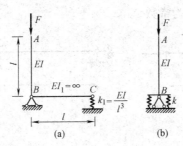

图 13-11

17. 解稳定性问题时，将如图 13-12（a）所示刚架结构，简化为图 13-12（b）所示的带有弹性约束的单个压杆，其中弹性支座的刚度系数 $k=$ _____。

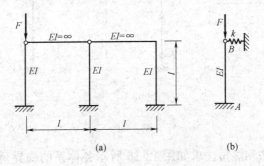

图 13-12

18. 轴心受力构件在考虑剪力的影响后，相比较于忽略剪力的影响其柱子临界荷载计算结果会 _____。（填"变大"或"变小"）

19. 利用对称性，可求得如图 13-13 所示结构的临界荷载 $F_{cr}=$ _____。

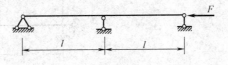

图 13-13

20. 如图 13-14 所示对称结构的失稳形态是 _____。

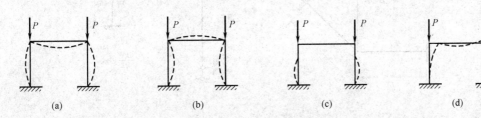

图 13-14

13.3.3 计算题

1. 分别采用静力法和能量法求如图 13-15 所示各体系的临界荷载。已知杆件强度 $EI=\infty$,弹性支承刚度系数 k 为常数。

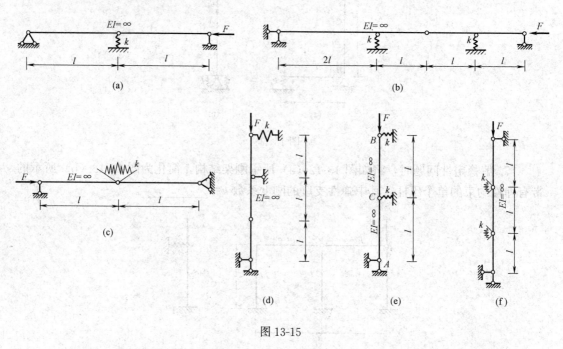

图 13-15

2. 分别采用静力法和能量法求如图 13-16 所示各体系的临界荷载。除特别注明外 EI 均为常量,$EI_1=\infty$。

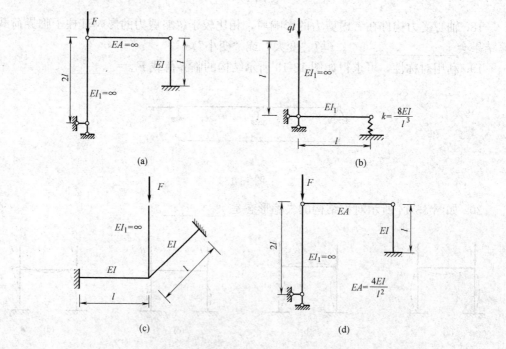

图 13-16

3. 分别采用静力法和能量法确定如图 13-17 所示各压杆的临界荷载。

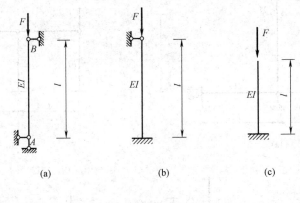

图 13-17

4. 采用静力法确定如图 13-18 所示各压杆的稳定方程。

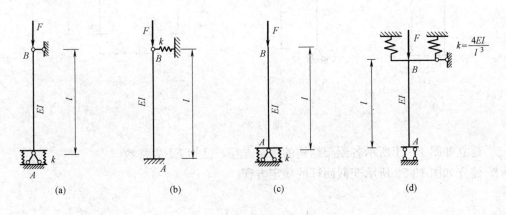

图 13-18

5. 采用能量法计算如图 13-19 所示结构的临界荷载，已知弹簧刚度 $k=3EI/l^3$，设失稳曲线为 $y=\Delta\left(1-\cos\dfrac{\pi x}{2l}\right)$。

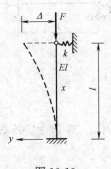

图 13-19

6. 列出如图 13-20 所示各结构的稳定方程。除特别注明外，EI、EA 均为常量。

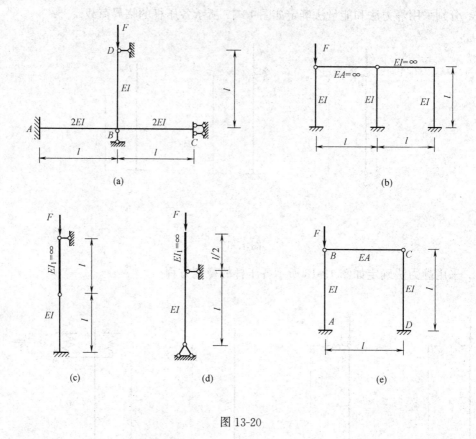

图 13-20

7. 建立如图 13-21 所示各刚架结构的稳定方程，已知 EI 为常数。
8. 建立如图 13-22 所示变截面杆的稳定方程。

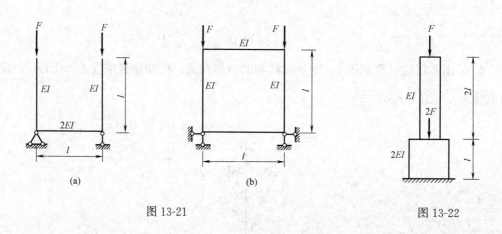

图 13-21　　　　　　　　　图 13-22

13.4　习题参考答案

13.4.1　判断题

1. ×　2. ×　3. √　4. ×　5. ×　6. ×　7. ×　8. √　9. √　10. √　11. ×

12. ×   13. √   14. √   15. ×

13.4.2 填空题

1. 是否出现新平衡形式   2. 一 二   3. 平衡二重性
4. 势能驻值原理   5. 大   6. 静力法 能量法
7. 1 2 3   8. 刚度 支承情况   9. $F_{cr1}=F_{cr2}$
10. $F_{cr1}<F_{cr3}<F_{cr2}$ 11. 平衡形式二重性   12. 边界 位移连续
13. $\dfrac{4EI}{l}$ 14. $9EI/l^3$ 15. $3EI/l_1$ EA/l
16. EI/l 17. $15EI/l^3$ 18. 变小
19. $\pi^2 EI/l^2$ 20. (d)

13.4.3 计算题

1.
(a) $F_{cr}=0.5kl$ (b) $F_{cr}=5kl/6$ (c) $F_{cr}=2k/l$ (d) $F_{cr}=kl/3$
(e) $F_{cr}=(3-\sqrt{5})kl/2$ (f) $F_{cr}=k/l$

2.
(a) $F_{cr}=6EI/l^2$ (b) $q_{cr}=8EI/l^3$ (c) $F_{cr}=8EI/l^2$
(d) $F_{cr}=24EI/(7l^2)$

3.
(a) $F_{cr}=\dfrac{\pi^2 EI}{l^2}$ (b) $F_{cr}=\dfrac{\pi^2 EI}{(0.7l)^2}$ (c) $F_{cr}=\dfrac{\pi^2 EI}{(2l)^2}$

4.
(a) $\tan(nl)=\dfrac{nl}{1+\dfrac{EI}{kl}(nl)^2}$, $n^2=\dfrac{F}{EI}$

(b) $\tan(nl)=nl-\dfrac{(nl)^3 EI}{kl^3}$, $n^2=\dfrac{F}{EI}$

(c) $nl\tan(nl)=\dfrac{kl}{EI}$, $n^2=\dfrac{F}{EI}$

(d) $\begin{vmatrix} 1 & 0 & 1-F & k \\ 0 & n & 0 & -1 \\ \cos(nl) & \sin(nl) & -F & k \\ -n\sin(nl) & n\cos(nl) & 0 & 0 \end{vmatrix}=0$, $n^2=\dfrac{F}{EI}$

5. $F_{cr}=\dfrac{EI\pi^4\left(1-\dfrac{1}{\pi}\right)+32kl^3}{4\pi^2 l^2\left(1+\dfrac{1}{\pi}\right)}$

6.
(a) $\tan(nl)=\dfrac{nl}{1+\dfrac{(nl)^2}{10}}$, $n^2=\dfrac{F}{EI}$ (b) $\tan(nl)=nl-\dfrac{(nl)^3}{15}$, $n^2=\dfrac{F}{EI}$

(c) $nl\tan(nl)=4$, $n^2=\dfrac{F}{EI}$ (d) $\tan(nl)=nl$, $n^2=\dfrac{F}{EI}$

(e) $\tan(nl) = nl - \dfrac{EI(nl)^3}{kl^3}$, $k = \dfrac{1}{\dfrac{l^3}{3EI} + \dfrac{l}{EA}}$, $n^2 = \dfrac{F}{EI}$

7.

(a) 发生正对称失稳，稳定方程：$\tan(nl) = \dfrac{4}{nl}$, $n = \sqrt{\dfrac{F}{EI}}$

(b) 发生反对称失稳，稳定方程：$\tan(nl) = \dfrac{6}{nl}$, $n = \sqrt{\dfrac{F}{EI}}$

8. 稳定方程：$\tan(2nl)\tan(\sqrt{1.5}\,nl) = \sqrt{6}$，其中 $n = \sqrt{\dfrac{F}{EI}}$

第 14 章 结构的动力计算

14.1 学习要求

本章讨论结构的动力计算问题。主要讨论了单自由度体系的自由振动及在常见动荷载作用下的强迫振动，以及多自由度体系的自由振动及在简谐荷载下的强迫振动问题。结构动力计算既是动力设计基础，也是防振、减振措施的理论依据。

学习要求如下：
(1) 掌握结构动力分析的特点，以及振动自由度的确定方法；
(2) 掌握单自由度体系自由振动方程的建立及解答形式，重点掌握振幅、自振频率的计算方法，以及阻尼对振幅的影响；
(3) 掌握单自由度体系受简谐荷载强迫振动方程的建立及解答形式，重点掌握动力系数的概念及计算方法，掌握阻尼对强迫振动动力系数的影响；
(4) 了解单自由度体系在常见动荷载作用时的动力响应，以及动力系数的求法；
(5) 掌握多自由度体系的自由振动，重点掌握自振频率的计算、主振型的概念与求法以及主振型的正交性原理；
(6) 会计算多自由度体系受简谐荷载作用时的动力反应（动位移、动内力）。

其中，结构动响应（内力和位移）变化规律的分析是学习难点。

14.2 基本内容

14.2.1 结构动力计算及动力自由度

(1) 结构动力计算的特点

动荷载是指荷载的大小、方向和作用点不仅随时间变化，而且加载速率较快。结构在动荷载作用下可抵抗动荷载，且由动载而产生的惯性力（即质量乘以加速度）在结构计算中不容忽视。结构在动荷载作用下的结构内力、位移及变形等量值会随时间而发生改变。

(2) 动荷载的分类

动荷载按其变化的规律，可按图 14-1 进行分类。

(3) 结构振动自由度

1) 定义

结构在弹性变形过程中确定全部质点位置所需的独立参数的数目，称为该结构振动的自由度。

2) 判定方法：集中质量法

集中质量法是将实际结构的质量按一定规则集中在某些几何点上，除这些点之外的结

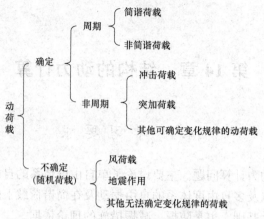

图 14-1 动力荷载的分类

构杆件是无质量的,从而将无限自由度体系简化为有限自由度体系。

对较简单的体系,振动自由度可直接通过直观法确定;对较复杂体系,若直观法不易确定振动自由度时,可通过附加支杆法来确定。附加支杆法是固定体系中全部质点的位置所需附加支杆的最低数目,即为该体系的振动自由度。

一般情况下,确定振动自由度时忽略杆件的轴向变形,并认为弯曲变形是微小的。

14.2.2 单自由度体系的自由振动

如果结构受到外部干扰发生振动,而在以后的振动过程中不再受外部干扰力的作用,这种振动称为自由振动。

产生自由振动的原因,存在初始干扰,有两种情况:结构具有初始位移 y_0;结构具有初始速度 v_0。

(1) 不考虑阻尼的情况

1) 振动微分方程

$$m\ddot{y}(t)+ky(t)=0 \text{ 或 } m\ddot{y}(t)+\frac{y(t)}{\delta}=0$$

式中,m 为质体的质量;k 为刚度系数;δ 为柔度系数,且 $\delta=\frac{1}{k}$。

2) 位移解答(单自由度体系无阻尼自由振动为简谐周期振动)

$$y(t)=y_0\cos\omega t+\frac{v_0}{\omega}\sin\omega t=D\sin(\omega t+\varphi)$$

式中,y_0 为初始位移;v_0 为初始速度;D 为振幅;φ 为初位相角;ω 为圆频率,且有:

$$D=\sqrt{y_0^2+\frac{v_0^2}{\omega^2}},\ \tan\varphi=\frac{y_0\omega}{v_0}$$

3) 圆频率(自振频率)ω

即每秒振动的弧度数或 2π 秒振动的次数。

$$\omega=\sqrt{\frac{k}{m}}=\sqrt{\frac{1}{m\delta}}=\sqrt{\frac{g}{W\delta}}=\sqrt{\frac{g}{\Delta_{st}}}\ (\text{弧度/s,或 } s^{-1})$$

式中,W 为质体的重量;g 为重力加速度;Δ_{st} 为质体上沿振动方向作用数值为 W 的力时,质体沿振动方向的静位移,即:$\Delta_{st}=W\cdot\delta$。

4）周期

振动一周所需的时间。

$$T=\frac{2\pi}{\omega}=2\pi\sqrt{\frac{m}{k}}=2\pi\sqrt{m\delta}=2\pi\sqrt{\frac{W\delta}{g}}=2\pi\sqrt{\frac{\Delta_{st}}{g}}(s)$$

自振频率 ω（自振周期 T）是结构固有的动力特征，只与质量分布及刚度（或柔度）有关，而与动荷载及初始干扰无关。质点越大（刚度不变），周期越长，振动越慢；刚度越大或柔度越小（质量不变），周期越短，振动越快。

5）工程频率

每秒振动的次数

$$f=\frac{1}{T}=\frac{\omega}{2\pi}\text{（次/s、Hz）}$$

在机器中，常用每分钟内的振动次数 N 来表示频率，则有：

$$N=60f=\frac{60}{2\pi}\sqrt{\frac{k}{m}}=\frac{60}{2\pi}\sqrt{\frac{g}{\Delta_{st}}}$$

（2）考虑阻尼的情况

1）阻尼力

引用福格第假设，即近似认为振动中物体所受的阻尼力与其振动速度成正比，称为黏滞阻尼力，即有：

$$F_R=-c\dot{y}$$

式中，c 为阻尼系数，负号表示阻尼力的方向恒与速度的方向相反。

2）振动微分方程

$$m\ddot{y}(t)+c\dot{y}(t)+ky(t)=0$$

3）低阻尼下（$\xi<1$，或 $c<2m\omega$）位移解答

$$y(t)=e^{-\xi\omega t}D\sin(\omega_d t+\varphi_d)$$

式中，$\xi=\dfrac{c}{2m\omega}$ 为阻尼比；$\omega_d=\omega\sqrt{1-\xi^2}$ 为低阻尼体系的自振频率；$D=\sqrt{y_0^2+\dfrac{(v_0+\xi\omega y_0)^2}{\omega_d^2}}$；

$\varphi_d=\arctan\dfrac{\omega_d y_0}{v_0+\xi_\omega y_0}$。

4）低阻尼对振幅 y_{max} 的影响

$$y_{max}=e^{-\xi\omega t}D$$

$$\frac{y_{n+1}}{y_n}=\frac{De^{-\xi\omega t_{n+1}}}{De^{-\xi\omega t_n}}=e^{-\xi\omega(t_{n+1}-t_n)}=e^{-\xi\omega T_d}$$

式中，y_n 与 y_{n+1} 为相距一个周期的质点振幅。

低阻尼自由振动是一衰减的周期振动，振幅随时间按指数规律衰减；阻尼比越大，衰减越快。最后质点停止在静力平衡位置上，不再振动。

相隔一周期后的两个振幅之比为一常数，即振幅是按等比级数递减的。

5）低阻尼对自振频率、周期的影响

$$\omega_d=\omega\sqrt{1-\xi^2}<\omega$$

$$T_d=\frac{2\pi}{\omega_d}=\frac{T}{\sqrt{1-\xi^2}}>T$$

阻尼使自振频率降低，周期延长。但对一般低阻尼结构 $\xi<0.2$，所以 $\omega_d \approx \omega$。

6）阻尼比的测定公式

$$\xi \approx \frac{1}{2\pi} \ln \frac{y_n}{y_{n+1}}$$

或

$$\xi \approx \frac{1}{2\pi N} \ln \frac{y_n}{y_{n+N}}$$

式中，y_n 与 y_{n+N} 为相距 N 个周期的自振振幅。

因此利用有阻尼振动时振幅衰减的特征，可以用实验方法测定体系的阻尼比，即：只要测得相距一个周期的质点振幅 y_n、y_{n+1}，或相距 N 个周期的振幅 y_n、y_{n+N}，就可计算得到阻尼比。

7）临界阻尼（$\xi=1$，或 $c=2m\omega$）

临界阻尼常数：

$$\xi = \frac{c}{2m\omega} = 1 \Rightarrow c_r = 2m\omega = 2\sqrt{mk}$$

阻尼比：为阻尼系数与临界阻尼常数的比值，即：

$$\xi = \frac{c}{2m\omega} = \frac{c}{c_r}$$

14.2.3 单自由度体系在简谐荷载下的强迫振动

如果结构受到外部干扰发生振动，若在以后的振动过程中还不断受到外部干扰力的作用，这种振动称为强迫振动。

简谐荷载可表示为：

$$F(t) = F\sin\theta t$$

式中，F 为简谐荷载幅值；θ 为简谐荷载频率。

（1）不考虑阻尼的情况（简谐荷载沿振动方向直接作用在质点上）

1）振动微分方程

$$\ddot{y}(t) + \omega^2 y(t) = \frac{F\sin\theta t}{m}$$

2）稳态振动阶段位移解答

$$y(t) = \frac{F}{m(\omega^2-\theta^2)}\sin\theta t = \frac{F}{m\omega^2(1-f_t^2)}\sin\theta t = y_{st}\frac{1}{(1-f_t^2)}\sin\theta t = \beta y_{st}\sin\theta t$$

式中，$f_t = \theta/\omega$ 为频率比；$y_{st} = F\delta$ 表示将振动荷载幅值 F 作为静荷载作用于结构质点上时所引起的振动方向静力位移；$\beta = \dfrac{1}{1-f_t^2}$ 称为动力系数。

3）最大动位移（振幅）

$$y_{max} = \frac{F}{m(\omega^2-\theta^2)} = y_{st}\frac{1}{(1-f_t^2)} = \beta \cdot y_{st}$$

4）动力系数

表示最大的动力位移与静力位移的比值，即：

$$\beta = \frac{y_{max}}{y_{st}} = \frac{1}{1-f_t^2}$$

对单自由度体系，当干扰力与惯性力的作用点重合时，位移动力系数与内力动力系数是完全一样的，可统称为动力系数。

简谐荷载直接作用于质点上时，动力系数$|\beta|$与频率比θ/ω的关系如图14-2所示。当$\theta/\omega \to 1$，$\beta \to \infty$。说明当荷载频率接近于体系自振频率时，振幅会无限增大，这种现象称为共振。工程实践中，要避免发生共振现象或接近共振。

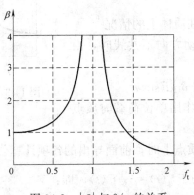

图14-2 $|\beta|$与θ/ω的关系

（2）考虑阻尼的情况（简谐荷载沿振动方向直接作用在质点上）

1) 振动微分方程

$$\ddot{y}(t) + 2\xi\omega\dot{y}(t) + \omega^2 y(t) = \frac{F\sin\theta t}{m}$$

2) 稳态振动阶段位移解答

$$y = \frac{F}{m[(\omega^2-\theta^2)^2 + 4\xi^2\omega^2\theta^2]}[(\omega^2-\theta^2)\sin\theta t - 2\xi\omega\theta\cos\theta t] = D\sin(\theta t - \varphi)$$

式中，$D = \frac{F}{m}\frac{1}{\sqrt{(\omega^2-\theta^2)^2 + 4\xi^2\omega^2\theta^2}}$；相位差$\varphi = \tan^{-1}\left(\frac{2\xi f_t}{1-f_t^2}\right)$。

3) 振幅

$$y_{\max} = \frac{F}{m}\frac{1}{\sqrt{(\omega^2-\theta^2)^2 + 4\xi^2\omega^2\theta^2}} = \frac{F}{m\omega^2}\frac{1}{\sqrt{(1-f_t^2)^2 + 4\xi^2 f_t^2}} = \beta_d \cdot y_{st}$$

4) 考虑阻尼的动力系数

$$\beta_d = \frac{1}{\sqrt{(1-f_t^2)^2 + 4\xi^2 f_t^2}}$$

简谐荷载直接作用在质点上时，考虑阻尼时的动力系数β_d与自振频率ω、荷载频率θ及阻尼比ξ有关，如图14-3所示。

① 阻尼比对简谐荷载动力系数影响较大，随着ξ增大，动力系数迅速减小；

② 在共振区（频率比f_t趋近于1），阻尼对降低动力系数β_d的作用最明显；

③ 在共振区（$0.75 < f_t = \frac{\theta}{\omega} < 1.25$），取$\beta_d = \frac{1}{2\xi}$；

④ 在非共振区，忽略阻尼的影响，偏于安全。

（3）简谐荷载作用下动位移幅值及动内力幅值的计算步骤

当干扰力与振动方向相同时，动位移幅值及动内力幅值的计算步骤如下：

1) 将计算所得荷载幅值作为静荷载所引起的位移、内力；

2) 通过计算结构自振频率从而得到动力系数；

3) 将得到的位移、内力乘以动力系数即得动位移幅值、动内力幅值。

(4) 干扰力不直接作用在质体上的情况

当干扰力方向与质点振动方向不共线时，由柔度法可得振动方程：

$$y(t) = -\delta m\ddot{y}(t) + \delta_{1P}F\sin\theta t$$

式中，δ_{1P} 为干扰力作用点处作用单位荷载时质点振动方向产生的位移。

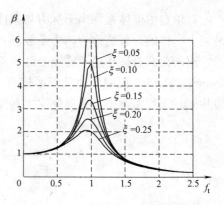

图 14-3 考虑阻尼时的动力系数 β_d

当干扰力不直接作用在质点上时，前面导出的各项计算公式均适用，只需将公式中干扰力 $F(t)$ 替换成广义干扰力 $F^*(t) = \dfrac{\delta_{1P}}{\delta}F(t)$，即：

稳态解：

$$y(t) = \frac{F^*}{m(\omega^2-\theta^2)}\sin\theta t = \frac{F^*}{m\omega^2}\frac{1}{(1-f_t^2)}\sin\theta t = \frac{F^*}{m\omega^2}\beta\sin\theta t$$

振幅：

$$y_{\max} = \frac{F^*}{m\omega^2}\beta = F^*\cdot\delta\beta = \frac{\delta_{1P}}{\delta}F\cdot\delta\beta = \delta_{1P}F\beta = \beta y_{st}$$

式中，y_{st} 是指将干扰力幅值 F 当作静载作用在干扰力作用点处时，在质点振动方向所产生的静位移；β 为质点位移动力系数。

特别说明：当动荷载不作用在质点上时，质点位移动力系数与其他位置处的位移动力系数以及内力动力系数是不同的，即体系不能用一个统一的动力系数来表示。

动内力幅值的计算：因位移、惯性力、荷载同时到达幅值，动内力也在同一时间到达幅值。动内力幅值的计算可以在各质点的惯性力幅值及荷载幅值共同作用下，按静力分析方法计算任一截面的动内力幅值，或绘制动内力幅值图。

14.2.4 单自由度体系在任意荷载下的强迫振动

(1) 振动微分方程

$$m\ddot{y}(t) + ky(t) = F(t)$$

式中，$F(t)$ 为任意动荷载，这里均假设动荷载直接作用在质点上。

(2) 瞬时冲击荷载作用

瞬时冲击荷载是指荷载作用时间 Δt 与体系的自振周期相比非常短，荷载在极短时间内作用一冲击荷载 F 于质点上。

对初始处于静止状态的单自由体系，受冲击荷载后可看成满足下述初始条件的自由振动：

$$y_0 = 0, \quad v_0 = \frac{F\Delta t}{m}$$

式中，F 为冲击荷载大小；Δt 指荷载作用时间。因此位移解答为：

无阻尼情况：
$$y(t)=y_0\cos\omega t+\frac{v_0}{\omega}\sin\omega t=\frac{F\Delta t}{m\omega}\sin\omega t$$

有阻尼情况：
$$y(t)=e^{-\xi\omega t}\left[y_0\cos(\omega_d t)+\frac{v_0+\xi\omega y_0}{\omega_d}\sin(\omega_d t)\right]=e^{-\xi\omega t}\frac{F\Delta t}{m\omega_d}\sin(\omega_d t)$$

如果瞬时冲击荷载不是从 $t=0$ 开始作用，而是从 $t=\tau$ 开始作用，则位移解答为：

无阻尼情况：
$$\left.\begin{array}{ll}y(t)=\dfrac{F\Delta t}{m\omega}\sin\omega(t-\tau) & (t>\tau)\\ y(t)=0 & (t<\tau)\end{array}\right\}$$

有阻尼情况：
$$\left.\begin{array}{ll}y(t)=e^{-\xi\omega(t-\tau)}\dfrac{F\Delta t}{m\omega_d}\sin\omega_d(t-\tau) & (t>\tau)\\ y(t)=0 & (t<\tau)\end{array}\right\}$$

从以上位移解答表达式中，较易得知质点振幅大小及动力系数值。

(3) 一般动力荷载作用

对一般动力荷载作用，可以把整个荷载看成是无数的瞬时冲击荷载 $F(\tau)$ 的连续作用之和。单自由度体系在初位移和初速度均为零时，在任意动力荷载作用于质点时的位移计算式为（杜哈梅 Duhamal 积分）：

$$\text{无阻尼：}y(t)=\int_0^t\frac{F(\tau)}{m\omega}\sin\omega(t-\tau)d\tau$$

$$\text{有阻尼：}y(t)=\int_0^t e^{-\xi\omega(t-\tau)}\frac{F(\tau)}{m\omega_d}\sin\omega_d(t-\tau)d\tau$$

若考虑 $t=0$ 时质点还具有初始位移和初始速度，则质点位移表达式应为：

无阻尼：$y(t)=y_0\cos\omega t+\dfrac{v_0}{\omega}\sin\omega t+\displaystyle\int_0^t\dfrac{F(\tau)}{m\omega}\sin\omega(t-\tau)d\tau$

有阻尼：$y(t)=e^{-\xi\omega t}\left[y_0\cos(\omega_d t)+\dfrac{v_0+\xi\omega y_0}{\omega_d}\sin(\omega_d t)\right]+\displaystyle\int_0^t e^{-\xi\omega(t-\tau)}\dfrac{F(\tau)}{m\omega_d}\sin\omega_d(t-\tau)d\tau$

只需将干扰力 $F(\tau)$ 带入以上相应公式进行积分，便可求得该干扰力作用下强迫振动的位移解答。

(4) 突加长期荷载作用

突加长期荷载是指 $t=0$ 时在体系上突然施加常量荷载 F，而且以后一直保持不变。

不考虑阻尼情况的位移解答为：
$$y(t)=\int_0^t\frac{F(\tau)}{m\omega}\sin\omega(t-\tau)d\tau=\frac{F}{m\omega^2}(1-\cos\omega t)=y_{st}(1-\cos\omega t)$$

考虑阻尼情况的位移解答为：
$$y(t)=\int_0^t e^{-\xi\omega(t-\tau)}\frac{F(\tau)}{m\omega_d}\sin\omega_d(t-\tau)d\tau$$
$$=\frac{F}{m\omega^2}\left[1-e^{-\xi\omega t}\left(\cos\omega_d t+\frac{\xi\omega}{\omega_d}\sin\omega_d t\right)\right]=y_{st}\left[1-e^{-\xi\omega t}\left(\cos\omega_d t+\frac{\xi\omega}{\omega_d}\sin\omega_d t\right)\right]$$

式中，y_{st} 为常量荷载 F 作为静载施加于质点上时沿振动方向所产生的静位移。

最大动位移（振幅）为：

无阻尼情况：$y_{max}=2y_{st}|_{t=T/2}$

有阻尼情况：$y_{max}=y_{st}(1+e^{-\frac{\xi\omega\pi}{\omega_d}})|_{t=\frac{\pi}{\omega_d}}$

动力系数为：

无阻尼情况：$\beta=\dfrac{y_{max}}{y_{st}}=2$

有阻尼情况：$\beta=1+e^{-\frac{\xi\omega\pi}{\omega_d}}$

（5）突加短期荷载作用

突加短期荷载是指当 $t=0$ 时在质体上突然施加常量荷载 F，而且一直保持不变，直到 $t=t_1$ 时突然卸去。

位移解答（不考虑阻尼）如下：

第一阶段（$0 \leqslant t \leqslant t_1$）：与突加长期荷载相同，即：

$$y(t)=y_{st}(1-\cos\omega t)$$

第二阶段（$t \geqslant t_1$）：由叠加原理（此阶段的荷载可以看作突加长期荷载叠加上 $t=t_1$ 时的负突加长期荷载），得：

$$y(t)=y_{st}(1-\cos\omega t)-y_{st}[1-\cos\omega(t-t_1)]=y_{st}[\cos\omega(t-t_1)-\cos\omega t]$$
$$=2y_{st}\sin\frac{\omega t_1}{2}\sin\omega\left(t-\frac{t_1}{2}\right)$$

最大动力位移（振幅）及动力系数分别为：

当 $t_1 \geqslant \dfrac{T}{2}$ 时，最大动力位移反应发生在第一阶段，且有：$y_{max}=2y_{st}$，$\beta=2$。

当 $t_1 < \dfrac{T}{2}$ 时，最大动力位移反应发生在第二阶段，且有：

$$y_{max}=2y_{st}\sin\frac{\omega t_1}{2}\bigg|_{t-\frac{t_1}{2}=\frac{\pi}{2\omega}}=2y_{st}\sin\frac{\pi t_1}{T},\ \beta=2\sin\frac{\omega t_1}{2}=2\sin\frac{\pi t_1}{T}$$

这说明短期荷载作用动力效应与荷载作用时间长短有关。

14.2.5 双自由度体系的自由振动

（1）振动微分方程

刚度法：

$$\left.\begin{array}{l} m_1\ddot{y}_1(t)+k_{11}y_1(t)+k_{12}y_2(t)=0 \\ m_2\ddot{y}_2(t)+k_{21}y_1(t)+k_{22}y_2(t)=0 \end{array}\right\}$$

柔度法：

$$y_1(t)=-\delta_{11}m_1\ddot{y}_1(t)-\delta_{12}m_2\ddot{y}_2(t)$$
$$y_2(t)=-\delta_{21}m_1\ddot{y}_1(t)-\delta_{22}m_2\ddot{y}_2(t)$$

或

$$\delta_{11}m_1\ddot{y}_1(t)+\delta_{12}m_2\ddot{y}_2(t)+y_1(t)=0$$
$$\delta_{21}m_1\ddot{y}_1(t)+\delta_{22}m_2\ddot{y}_2(t)+y_2(t)=0$$

式中，δ_{ij}、k_{ij} 分别为柔度系数和刚度系数，其中：

δ_{11}、δ_{21}为沿m_1振动方向作用单位荷载时产生的沿m_1、m_2振动方向所产生的位移；

δ_{12}、δ_{22}为沿m_2振动方向作用单位荷载时产生的沿m_1、m_2振动方向所产生的位移，且有$\delta_{12}=\delta_{21}$；

k_{11}、k_{21}为沿m_1振动方向产生单位位移时沿m_1、m_2振动方向所产生的约束力大小；

k_{12}、k_{22}为沿m_2振动方向产生单位位移时沿m_1、m_2振动方向所产生的约束力大小，且有$k_{12}=k_{21}$。

(2) 频率方程和自振频率

用柔度系数表示为：

$$\begin{vmatrix} \left(\delta_{11}m_1-\dfrac{1}{\omega^2}\right) & \delta_{12}m_2 \\ \delta_{21}m_1 & \left(\delta_{22}m_2-\dfrac{1}{\omega^2}\right) \end{vmatrix}=0$$

即：
$$\left.\begin{aligned}\lambda_1&=\frac{(\delta_{11}m_1+\delta_{22}m_2)+\sqrt{(\delta_{11}m_1+\delta_{22}m_2)^2-4(\delta_{11}\delta_{22}-\delta_{12}^2)m_1m_2}}{2}\\ \lambda_2&=\frac{(\delta_{11}m_1+\delta_{22}m_2)-\sqrt{(\delta_{11}m_1+\delta_{22}m_2)^2-4(\delta_{11}\delta_{22}-\delta_{12}^2)m_1m_2}}{2}\end{aligned}\right\},\ \left.\begin{aligned}\omega_1&=\frac{1}{\sqrt{\lambda_1}}\\ \omega_2&=\frac{1}{\sqrt{\lambda_2}}\end{aligned}\right\}$$

用刚度系数表示为：

$$\begin{vmatrix} k_{11}-\omega^2 m_1 & k_{12} \\ k_{21} & k_{22}-\omega^2 m_2 \end{vmatrix}=0$$

即：
$$\omega_{1,2}^2=\frac{1}{2}\left[\left(\frac{k_{11}}{m_1}+\frac{k_{22}}{m_2}\right)\pm\sqrt{\left(\frac{k_{11}}{m_1}+\frac{k_{22}}{m_2}\right)^2-\frac{4(k_{11}k_{22}-k_{12}k_{21})}{m_1m_2}}\right]$$

这说明自振频率只与体系的柔度（刚度）及其质量的分布情况有关，与外部荷载无关，是体系本身的固有特性。两个自由度体系，有两个自振频率。较小的圆频率，用ω_1表示，称为第一圆频率或基本圆频率；另一圆频率ω_2，称为第二圆频率。频率的数目总是与动力自由度数目相等。

(3) 主振型

当结构按某一自振频率作自由振动时，任一时刻各质点位移之间的比值保持不变，即其形状保持不变，这种特殊的振动形式称为主振型。

用柔度系数表示为：

第一主振型（体系按ω_1振动）：$\dfrac{Y_1^{(1)}}{Y_2^{(1)}}=\dfrac{\delta_{12}m_2}{\dfrac{1}{\omega_1^2}-\delta_{11}m_1}=\dfrac{\dfrac{1}{\omega_1^2}-\delta_{22}m_2}{\delta_{21}m_1}$

第二主振型（体系按ω_2振动）：$\dfrac{Y_1^{(2)}}{Y_2^{(2)}}=\dfrac{\delta_{12}m_2}{\dfrac{1}{\omega_2^2}-\delta_{11}m_1}=\dfrac{\dfrac{1}{\omega_2^2}-\delta_{22}m_2}{\delta_{21}m_1}$

用刚度系数表示为：

第一主振型（体系按ω_1振动）：$\dfrac{Y_1^{(1)}}{Y_2^{(1)}}=\dfrac{k_{12}}{m_1\omega_1^2-k_{11}}=\dfrac{m_2\omega_1^2-k_{22}}{k_{21}}$

第二主振型（体系按 ω_2 振动）：$\dfrac{Y_1^{(2)}}{Y_2^{(2)}}=\dfrac{k_{12}}{m_1\omega_2^2-k_{11}}=\dfrac{m_2\omega_2^2-k_{22}}{k_{21}}$

式中：$Y_1^{(1)}$、$Y_2^{(1)}$ 分别为与频率 ω_1 相应的质点振幅；$Y_1^{(2)}$、$Y_2^{(2)}$ 分别为与频率 ω_2 相应的质点振幅。

当体系按第一频率振动时，两质量总在同相位；当体系按第二频率振动时，两质量总在反相位。振型的形式和频率一样与初始条件无关，而是完全由体系本身的动力特性所决定的。

(4) 振动方程的一般解

在一般情况下，两个自由度体系的自由振动可看作是两种频率及其主振型的组合振动，即振动微分方程一般可表示为：

$$\left.\begin{array}{l}y_1(t)=A_1Y_1^{(1)}\sin(\omega_1 t+\varphi_1)+A_2Y_1^{(2)}\sin(\omega_2 t+\varphi_2)\\ y_2(t)=A_1Y_2^{(1)}\sin(\omega_1 t+\varphi_1)+A_2Y_2^{(2)}\sin(\omega_2 t+\varphi_2)\end{array}\right\}$$

式中，常量 A_1、A_2、φ_1、φ_2 由初始条件确定。

14.2.6 多自由度体系的自由振动

(1) 振动微分方程

刚度法：

$$[M]\{\ddot{y}\}+[K]\{y\}=0$$

柔度法：

$$[\delta][M]\{\ddot{y}\}+\{y\}=\{0\}$$

式中：$[M]$ 为质量矩阵；$\{\ddot{y}\}$ 为加速度列向量；$[K]$ 为刚度矩阵；$[\delta]$ 为柔度矩阵；$\{y\}$ 为位移列向量，它们分别为：

$$[M]=\begin{bmatrix}m_1 & & & \\ & m_2 & & \\ & & \ddots & \\ & & & m_n\end{bmatrix},[\delta]=\begin{bmatrix}\delta_{11} & \delta_{12} & \cdots & \delta_{1n}\\ \delta_{21} & \delta_{22} & \cdots & \delta_{2n}\\ \vdots & \vdots & & \vdots\\ \delta_{n1} & \delta_{n2} & \cdots & \delta_{nn}\end{bmatrix},[K]=\begin{bmatrix}k_{11} & k_{12} & \cdots & k_{1n}\\ k_{21} & k_{22} & \cdots & k_{2n}\\ \vdots & \vdots & & \vdots\\ k_{n1} & k_{n2} & \cdots & k_{nn}\end{bmatrix}$$

$$\{\ddot{y}\}=\begin{Bmatrix}\ddot{y}_1\\ \ddot{y}_2\\ \vdots\\ \ddot{y}_n\end{Bmatrix},\{y\}=\begin{Bmatrix}y_1\\ y_2\\ \vdots\\ y_n\end{Bmatrix}$$

(2) 频率方程

用刚度矩阵表示为：

$$\left|[K]-\omega^2[M]\right|=0$$

用柔度矩阵表示为：

$$\left|[\delta][M]-\dfrac{1}{\omega^2}[I]\right|=0$$

式中，$[I]$ 为单位矩阵。

以刚度矩阵（或柔度矩阵）表示的频率方程，展开可得到一个关于频率参数 ω^2 的 n 次代数方程，由此可求出 n 个自振频率，其中最小的频率叫基本频率或第一频率，其后按数值由小到大依次排列，并称为第二频率、第三频率等。

（3）主振型

用刚度矩阵表示为：

$$([K]-\omega_k^2[M])\{Y\}^{(k)}=\{0\}$$

用柔度矩阵表示为：

$$\left([\delta][M]-\frac{1}{\omega_k^2}[I]\right)\{Y\}^{(k)}=\{0\}$$

式中：$\{Y\}=\begin{Bmatrix}Y_1\\Y_2\\\vdots\\Y_n\end{Bmatrix}$ 为质点位移幅值向量；$\{Y\}^{(k)}$ 为与频率 ω_k 相应的主振型。

分别取 $k=1、2\cdots\cdots n$，确定与各频率 $\omega_1、\omega_2\cdots\cdots\omega_n$ 相对应的各质点振幅间的比值（主振型）。为了使主振型振幅 $\{Y\}^{(k)}$ 具有确定值，通常需做标准化处理（标准化振型）：规定主振型 $\{Y\}^{(k)}$ 中的某个元素为1，如第一个或最后一个，即：$Y_1^{(k)}=1$ 或 $Y_n^{(k)}=1$。

（4）振动方程的一般解

对 n 个自由度的结构，有 n 个自振频率，相应地有 n 个主振型，它们是振动微分方程的特解。这些主振型的线性组合（各质点的振动是由 n 个不同频率的主振动分量叠加而成），为振动微分方程的通解，即：

$$y_i(t)=Y_1(i)\sin(\omega_1 t+\varphi_1)+Y_2(i)\sin(\omega_2 t+\varphi_2)+\cdots+Y_n(i)\sin(\omega_n t+\varphi_n)$$

式中，$Y_n(i)$ 为各主振型分量的振幅；φ_n 为初相位角，由各质点初始条件（初位移和初速度）确定。

（5）刚度矩阵和柔度矩阵的关系

$$[\delta]^{-1}=[K]$$

即刚度矩阵和柔度矩阵互逆。

14.2.7 主振型的正交性

（1）第一正交性

具有 n 个自由度体系的第 i 主振型和第 j 主振型以质量作为权的正交性质，称为第一正交性，即：

$$\{Y^{(i)}\}^T[M]\{Y^{(j)}\}=\{0\}$$

对两个自由度体系，两个主振型的第一正交性可表示为：

$$m_1 Y_1^{(1)} Y_2^{(1)}+m_2 Y_1^{(2)} Y_2^{(2)}=0$$

（2）第二正交性

具有 n 个自由度体系的第 i 主振型和第 j 主振型以刚度作为权的正交性质，称为第二正交性，即：

$$\{Y^{(i)}\}^T[K]\{Y^{(j)}\}=\{0\}$$

振型正交性的物理意义：表明体系按某一振型振动时，它的惯性力不会在其他振型上做功。也就是说它的能量不会转移到其他振型上去，从而激起按其他振型的振动，因而各振型可以单独出现。主振型的正交型是体系本身所固有而与外加荷载无关的一种特性。主振型的正交型对标准化振型向量也是成立的。

应用主振型的正交性，可以使多自由度体系的动力计算大大简化，同时也可利用它作为检查所得振型是否正确的一个准则。

14.2.8 双自由度体系在简谐荷载作用下的强迫振动

(1) 振动微分方程

柔度法：

$$\left. \begin{array}{l} m_1 \ddot{y}_1 \delta_{11} + m_2 \ddot{y}_2 \delta_{12} + y_1 = \Delta_{1P} \sin\theta t \\ m_1 \ddot{y}_1 \delta_{21} + m_2 \ddot{y}_2 \delta_{22} + y_2 = \Delta_{2P} \sin\theta t \end{array} \right\}$$

式中，Δ_{1P}、Δ_{2P}分别表示由动载幅值F_1、F_2所产生的在质点处的静位移。

刚度法（干扰力作用在质点上）：

$$\left. \begin{array}{l} m_1 \ddot{y}_1(t) + k_{11} y_1(t) + k_{12} y_2(t) = F_1 \sin\theta t \\ m_2 \ddot{y}_2(t) + k_{21} y_1(t) + k_{22} y_2(t) = F_2 \sin\theta t \end{array} \right\}$$

(2) 质点位移幅值（稳态振动阶段）

柔度系数表示为：

$$Y_1 = \frac{D_1}{D_0} \quad Y_2 = \frac{D_2}{D_0}$$

式中，$D_0 = \begin{vmatrix} (m_1\theta^2\delta_{11}-1) & m_2\theta^2\delta_{21} \\ m_1\theta^2\delta_{21} & (m_2\theta^2\delta_{22}-1) \end{vmatrix}$；$D_1 = \begin{vmatrix} -\Delta_{1P} & m_2\theta^2\delta_{12} \\ -\Delta_{2P} & (m_2\theta^2\delta_{22}-1) \end{vmatrix}$；

$D_2 = \begin{vmatrix} (m_1\theta^2\delta_{11}-1) & -\Delta_{1P} \\ m_1\theta^2\delta_{21} & -\Delta_{2P} \end{vmatrix}$。

刚度系数表示为：

$$Y_1 = \frac{D_1}{D_0} \quad Y_2 = \frac{D_2}{D_0}$$

式中，$D_0 = \begin{vmatrix} (k_{11}-m_1\theta^2) & k_{12} \\ k_{21} & (k_{22}-m_2\theta^2) \end{vmatrix}$；$D_1 = \begin{vmatrix} F_1 & k_{12} \\ F_2 & (k_{22}-m_2\theta^2) \end{vmatrix}$；

$D_2 = \begin{vmatrix} (k_{11}-m_1\theta^2) & F_1 \\ k_{21} & F_2 \end{vmatrix}$。

(3) 动内力幅值的计算

因位移、惯性力、荷载同时到达幅值，动内力也在同一时间到达幅值。动内力幅值的计算可以在各质点的惯性力及荷载幅值共同作用下，按静力分析方法计算任一截面的动内力幅值，或绘制动内力幅值图，也可以采用叠加方法求解。

其中惯性力幅值为：

$$\left. \begin{array}{l} I_1 = m_1 \theta^2 Y_1 \\ I_2 = m_2 \theta^2 Y_2 \end{array} \right\}$$

14.3 本章习题

14.3.1 判断题

1. 在结构计算中，大小、方向随时间变化的荷载都必须按动荷载考虑。（　）
2. 如图 14-4 所示荷载对结构的作用可看作静荷载还是动荷载取决于 F 值的大小。
（　）

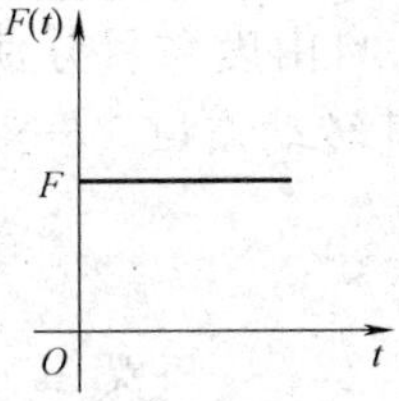

图 14-4

3. 欲使如图 14-5 所示体系的自振频率增大，可将铰支座改为固定支座。（　）

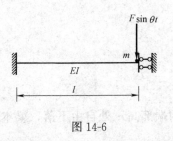

图 14-5

4. 在如图 14-6 所示体系中，若要使其自振频率 ω 增大，可以增大 EI。（　）
5. 如图 14-7 所示桁架，杆重不计，各杆 EA 为常数，在结点 C 处有重物 W，在 C 点的竖向初始位移干扰下，重物 W 将作竖向自由振动。（　）

图 14-6 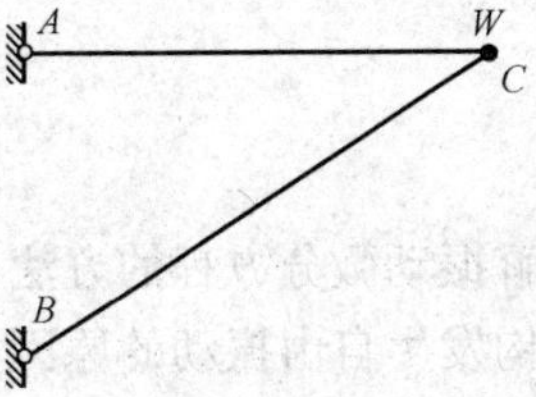　　　　　　　　　　　　图 14-7

6. 当结构中某杆件的刚度增大时，结构的自振频率一定增大。（　）
7. 如图 14-8 所示为两个自由度振动体系，其自振频率是指质点按主振型形式振动时的频率。（　）

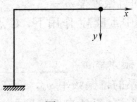

图 14-8

8. 在振动过程中，体系的重力对动力位移不会产生影响。　　　　　　（　）
9. 多自由度体系不存在共振现象，共振是单自由度体系振动固有现象。（　）
10. 多自由度体系自振频率个数与自由度个数相等。　　　　　　　　（　）
11. 由于阻尼的存在，任何振动都不会长期继续下去。　　　　　　　（　）
12. 无阻尼多自由度体系按主振型自由振动时，各质点位移（速度）的比值都保持不变，都等于各质点振幅的比值。　　　　　　　　　　　　　　　　　　　（　）

14.3.2 填空题

1. 动力计算与静力计算的本质区别是_____。
2. 如图14-9所示各体系的动力自由度数目分别是_____、_____、_____、_____、_____。已知各集中质点略去其转动惯量，杆件质量略去不计，梁式杆不考虑轴向变形。

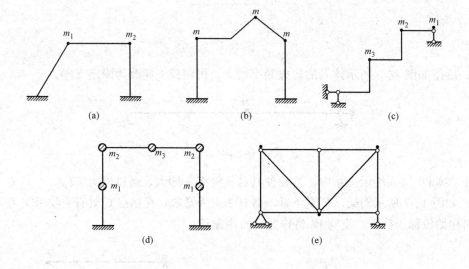

图 14-9

3. 求解振动微分方程的方法有_____法和_____法。
4. 结构发生自由振动的原因有_____或_____。
5. 如图14-10所示，质量为 m 的重物从悬臂梁的端部高 h 处自由下落，梁本身质量忽略不计，则悬臂梁振动的初始条件可表示为：_____。
6. 如图14-11所示体系中，重物重量 $W=9.8$kN，欲使顶端产生水平位移 $\Delta=0.01$m，需加水平力 $F=16$kN，则该体系的自振频率 $\omega=$_____。
7. 如图14-12所示悬臂梁，不计杆件本身的质量，已知在 B 点作用竖直向下单位力时可使 B 点下移 δ_B，则该结构的自振频率 $\omega=$_____。
8. 如图14-13所示梁，在集中重量 W 作用下，C 点的竖向位移 $\Delta_C=1$cm，则该体系的自振周期 $T=$_____。
9. 如图14-14所示体系的自振频率 $\omega=$_____。
10. 如图14-15（a）所示体系的自振频率 ω_a，若在集中质量处添加弹性支撑（刚度系数 k），如图14-15（b）所示，则该体系的自振频率 $\omega_b=$_____。

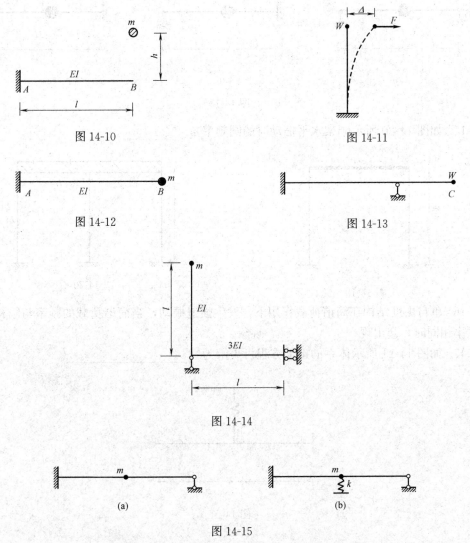

图 14-10

图 14-11

图 14-12

图 14-13

图 14-14

图 14-15

11. 如图 14-16 所示体系的自振频率 $\omega =$ _____。

12. 如图 14-17 所示简支梁，$E = 2.45 \times 10^4 \mathrm{MPa}$，$I = 6.4 \times 10^{-3} \mathrm{m}^4$，$m = 5000 \mathrm{kg}$。已知质量初速度 $v_0 = 10 \mathrm{mm/s}$，则质点产生的最大动位移 $y_{\max} =$ _____。

图 14-16

图 14-17

13. 如图 14-18 所示三个体系的自振频率分别为 ω_1、ω_2、ω_3，这三个频率之间的大小关系为：_____，这说明结构的自振频率与_____有关。

14. 如图 14-19 所示刚架，总质量 $m = 4000 \mathrm{kg}$。刚架做水平振动时，要求振幅在 10s 内衰减到最大振幅的 5%，则刚架柱子的刚度 EI 至少为_____。

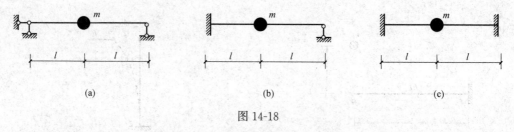

(a)　　　　　　　(b)　　　　　　　(c)

图 14-18

15. 如图 14-20 所示刚架水平振动时的圆频率 $\omega=$ _____。

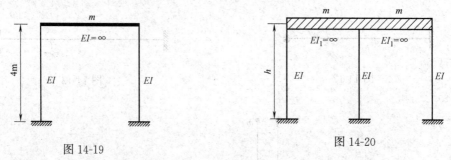

图 14-19　　　　　　　　　　图 14-20

16. 单自由度结构在简谐荷载作用下，发生强迫振动，当简谐荷载的频率与结构的自振频率相同时，会出现_____现象。

17. 如图 14-21 所示体系的运动方程可表示为_____。

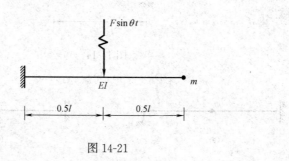

图 14-21

18. 考虑阻尼比不考虑阻尼时结构的自振频率要_____。（填大、小或相等）

19. 已知某单自由度体系的阻尼比 $\xi=1.2$，则该体系自由振动时的位移时程曲线的形状可能为图 14-22 中的_____。

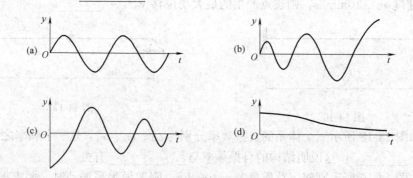

图 14-22

20. 某单自由度体系做有阻尼自由振动，通过测试测得 5 个周期后的振幅降为原来的 12%，则可计算得到阻尼比 $\xi=$ _____。

21. 单自由度无阻尼体系受简谐荷载作用，若稳态受迫振动可表示为 $y=\mu y_{st}\sin(\theta t)$，则式中 μ 的计算公式为 _____，y_{st} 是 _____。

22. 如图 14-23 所示体系不计阻尼，若 $\theta=\omega\sqrt{2}/2$（ω 为自振频率），则其动力系数 $\mu=$ _____。

图 14-23

23. 如图 14-24 所示结构，不计阻尼和杆件质量，若使其发生共振，则荷载频率 $\theta=$ _____。

图 14-24

24. 关于多自由度体系的自由振动特性，以下说法正确的是 _____。
A. 频率和振型都是结构的固有属性　　B. 先求出振型，才能求得频率
C. 频率与初始速率有关　　D. 振型与初始位移有关

25. 多自由度体系自由振动时的任何位移曲线均可看成 _____ 的线性组合。

26. 主振型关于质量矩阵的正交性用公式表达为 _____。

27. 如图 14-25 所示体系竖向自振的运动方程为：$y_1=\delta_{11}I_1+\delta_{12}I_2$，$y_2=\delta_{21}I_1+\delta_{22}I_2$，其中 δ_{22} 等于 _____。

28. 如图 14-26 所示三个主振型形状及其相应的圆频率（ω_a、ω_b、ω_c），则这三个频率的大小关系为：_____。

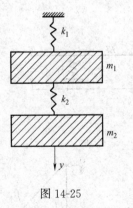

图 14-25

图 14-26

29. 多自由度结构在简谐荷载作用下，发生强迫振动，当简谐荷载的频率与结构的某一阶频率相同时，会出现 _____ 现象。

30. 如图 14-27 所示结构的第一振型为 $\begin{pmatrix}5\\1\end{pmatrix}^T$，$\begin{pmatrix}2m & 0\\0 & 5m\end{pmatrix}$，则第二振型向量为 _____。

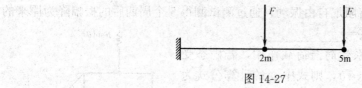

图 14-27

14.3.3 计算题

1. 求如图 14-28 所示各体系的自振频率,杆件质量除注明外都略去不计。

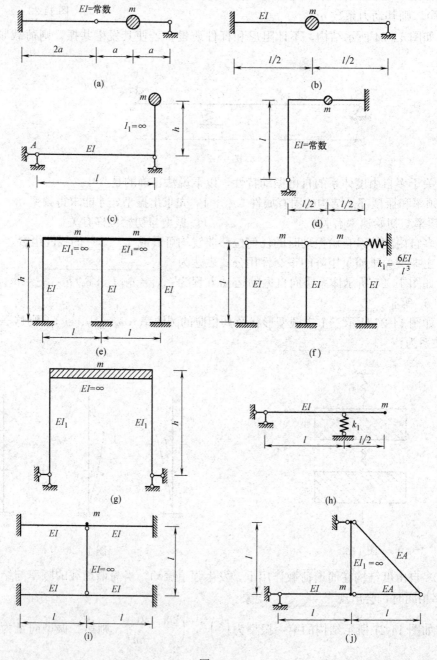

图 14-28

2. 如图 14-29 所示两根长 4m 的工字钢梁并排放置,已知梁高 20cm,$E=200\text{GPa}$,惯性矩 $I=2.5\times10^3\text{cm}^4$。在梁中点装置一台电动机,其转速为每分钟 1200 转,转动时引起离心惯性力的幅值 $F=300\text{N}$。将梁的部分质量集中于中点,与电动机的质量合并后的总质量 $m=320\text{kg}$。假设忽略阻尼的影响。试求:强迫振动时梁的振幅、最大总挠度和梁截面的最大正应力。

3. 如图 14-30 所示体系,质量 $m=2\text{kg}$ 集中于端部,并受有竖向简谐干扰力作用,干扰荷载幅值 $F=7\text{kN}$,干扰力频率 $\theta=20/\text{s}$,求质点处最大动位移值和最大动弯矩值。已知 $EI=9.6\times10^3\text{kN}\cdot\text{m}^2$。

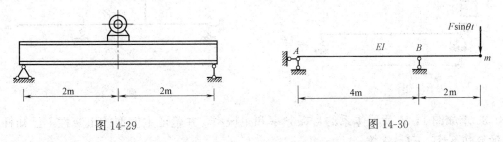

图 14-29

图 14-30

4. 在如图 14-31 所示刚架横梁上置马达,马达与结构自重均置于横梁上。已知 $W=20\text{kN}$,马达水平离心力幅值 $F=0.25\text{kN}$,马达转速 $n=550\text{r/min}$,$EI=3.53\times10^4\text{kN}\cdot\text{m}^2$。求马达转动时刚架产生的最大水平位移和柱端弯矩的幅值。

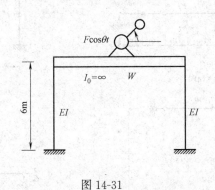

图 14-31

5. 在如图 14-32 所示体系中,质量 m 集中于悬臂梁端部,简谐荷载作用于梁中部,建立质点的振动方程,并确定质点的振幅及动弯矩幅值图。已知 EI 为常数,$\theta=0.5\omega$,不考虑阻尼作用。

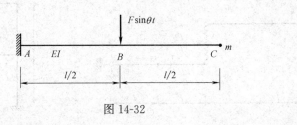

图 14-32

6. 求如图 14-33 所示结构中 B 点的最大竖向动力位移,并绘制最大动力弯矩图,忽略阻尼的影响。

7. 如图 14-34 所示体系中，$EI=\infty$，作用有简谐荷载 $F\sin\theta t$，弹簧刚度为 k，不考虑阻尼作用。

（1）建立该体系振动方程，并求自振频率。
（2）求右端质点的振幅。
（3）绘动内力幅值图。

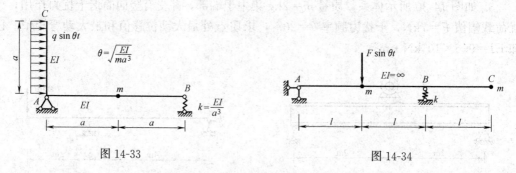

图 14-33　　　　　　　图 14-34

8. 求如图 14-35 所示体系的自振频率和主振型，并验证主振型的正交性。已知杆件质量忽略不计，$EI=$ 常数。

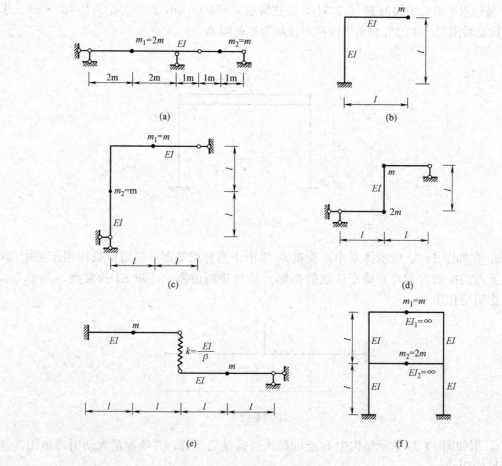

图 14-35（一）

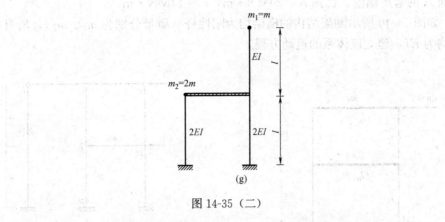

图 14-35（二）

9. 求如图 14-36 所示体系的自振频率和主振型，并验证主振型的正交性。已知杆件质量可忽略不计，$EI=$ 常数。

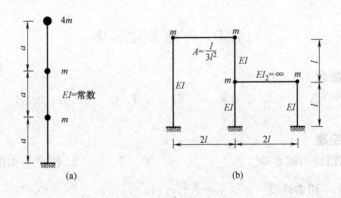

图 14-36

10. 如图 14-37 所示悬臂梁上装有两台重量均为 30 kN 的发电机（梁质量忽略不计），振动力幅值 $F=5$kN。当发电机 D 不开动，而发电机 C 分别以每分钟转动次数为 300 次和 500 次时，作梁动弯矩图。已知 $E=210$ GPa，$I=2.4\times10^{-4}$ m^4。

11. 求如图 14-38 所示结构质量处的最大竖向位移和最大水平位移，并绘制最大的动力弯矩图。已知 $EI=9\times10^6$ N·m^2。（不考虑阻尼影响）

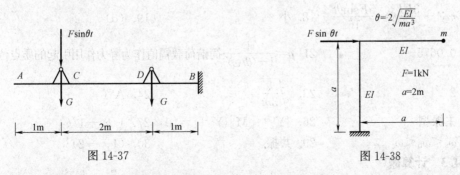

图 14-37　　　　　　　　　　图 14-38

12. 在如图 14-39 所示的两层刚架的第二层楼面处沿水平方向作用一简谐干扰力 $F\sin\theta t$，其幅值 $F=5$ kN，机器转速 $n=150$r/min。试求第一层、第二层楼面处的振幅和柱端截面 A 的弯矩幅值。已知 $i_1=20\text{MN}\cdot\text{m}$，$i_2=14\text{MN}\cdot\text{m}$。

13. 如图 14-40 所示刚架结构的横梁均为刚性杆（质量分别为 m_1、m_2），所有柱子抗弯刚度均为 EI，建立该体系的运动方程。

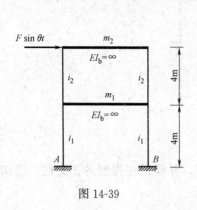

图 14-39

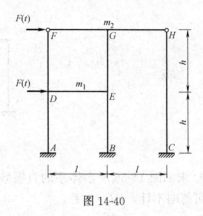

图 14-40

14.4 习题参考答案

14.4.1 判断题

1. × 2. × 3. √ 4. √ 5. × 6. × 7. √ 8. √ 9. × 10. √ 11. ×
12. √

14.4.2 填空题

1. 是否考虑惯性力的影响　2. 1 3 4 4 5　3. 刚度　柔度

4. 初始位移　初始速度　5. $y_0=\dfrac{mgl^3}{3EI}$　$v_0=\sqrt{2gh}$　6. 40 s^{-1}

7. $\sqrt{\dfrac{1}{m\delta_B}}$　8. 0.201s　9. $\sqrt{\dfrac{3EI}{2ml^3}}$　10. $\sqrt{\omega_a^2+k/m}$

11. $\sqrt{\dfrac{3EI}{ml^3}+\dfrac{k}{m}}$　12. 0.12mm　13. $\omega_1<\omega_2<\omega_3$ 刚度（或柔度）

14. $3.79\times10^6\text{N}\cdot\text{m}^2$　15. $\sqrt{\dfrac{18EI}{ml^3}}$　16. 共振

17. $m\ddot{y}+\dfrac{3EI}{l^3}y=\dfrac{5F\sin\theta t}{16}$　18. 小　19. (d)

20. 0.0675　21. $\mu=\dfrac{1}{1-(\theta/\omega)^2}$ 简谐荷载幅值作为静力作用引起的质点位移

22. 2　23. $\sqrt{\dfrac{k}{3m}}$　24. A

25. 主振型　26. $\{Y^{(i)}\}[M]\{Y^{(j)}\}=\{0\}$　27. $1/k_2+1/k_1$

28. $\omega_a<\omega_b<\omega_c$　29. 共振　30. $(1,-2)^\text{T}$

14.4.3 计算题

1. (a) $\omega=\sqrt{\dfrac{6EI}{5ma^3}}$，(b) $\omega=\sqrt{\dfrac{768EI}{7ml^3}}$，(c) $\omega=1.73\sqrt{\dfrac{EI}{mh^2l}}$

(d) $\omega=\sqrt{\dfrac{768EI}{7ml^3}}$, (e) $\omega=\sqrt{\dfrac{18EI}{mh^3}}$, (f) $\omega=\sqrt{\dfrac{k}{2m}}=\sqrt{\dfrac{15EI}{2ml^3}}$

(g) $\sqrt{\dfrac{6EI_1}{mh^3}}$, (h) $\omega=\dfrac{2}{3}\sqrt{\dfrac{k_1}{m}}$ ($EI=\infty$), $\omega=\sqrt{\dfrac{1}{m\left(\dfrac{l^3}{2EI}+\dfrac{2.25}{k_1}\right)}}$ ($EI\neq\infty$)

(i) $\omega=\sqrt{\dfrac{48EI}{ml^3}}$, (j) $\omega=\sqrt{\dfrac{3EI}{2ml^3}}$

2. 振幅 1.21×10^{-4}m、最大总挠度 5.38×10^{-4}m、梁截面最大正应力 8.09MPa。

3. $y_{\max}=0.0182$m,$M_{\max}=43.778$kN·m

4. $y_{\max}=0.088$cm,$M_{\max}=0.52$kN·m

5. $m\ddot{y}(t)+y(t)=\dfrac{5}{16}F\sin\theta t$,$y_{\max}=\dfrac{5Fl^3}{36EI}$

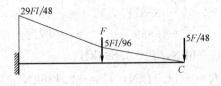

动弯矩幅值图

6. $\Delta_{BV\max}=\dfrac{13qa^4}{28EIma^3}$,$M_{AD}=\dfrac{1}{2}qa^2$,$M_{DA}=\dfrac{13}{28}qa^2$

7. (1) $m\ddot{y}(t)+\dfrac{2}{5}ky(t)=\dfrac{3}{10}F\sin\theta t$,$\omega=\sqrt{\dfrac{2k}{5m}}$

(2) $D=\dfrac{3F}{4k-10m\theta^2}$

(3)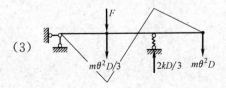

8.

(a) $\omega_1=0.5889\sqrt{\dfrac{EI}{m}}$,$\omega_2=1.653\sqrt{\dfrac{EI}{m}}$,$Y^{(1)}=\begin{Bmatrix}1\\-0.4338\end{Bmatrix}$,$Y^{(1)}=\begin{Bmatrix}1\\4.601\end{Bmatrix}$

(b) $\omega_1=0.8057\sqrt{\dfrac{EI}{ml^3}}$,$\omega_2=2.8135\sqrt{\dfrac{EI}{ml^3}}$,$Y^{(1)}=\begin{Bmatrix}1\\0.414\end{Bmatrix}$,$Y^{(1)}=\begin{Bmatrix}1\\-2.414\end{Bmatrix}$

(c) $\omega_1=0.967\sqrt{\dfrac{EI}{ml^3}}$,$\omega_2=3.203\sqrt{\dfrac{EI}{ml^3}}$,$Y^{(1)}=\begin{Bmatrix}1\\-0.277\end{Bmatrix}$,$Y^{(2)}=\begin{Bmatrix}1\\3.61\end{Bmatrix}$

(d) $\omega_1=0.894\sqrt{\dfrac{EI}{ml^3}}$,$\omega_2=2\sqrt{\dfrac{EI}{ml^3}}$,$Y^{(1)}=\begin{Bmatrix}1\\0\end{Bmatrix}$,$Y^{(1)}=\begin{Bmatrix}0\\1\end{Bmatrix}$

(e) $\omega_1=0.888\sqrt{\dfrac{EI}{ml^3}}$,$\omega_2=2.62\sqrt{\dfrac{EI}{ml^3}}$,$Y^{(1)}=\begin{Bmatrix}1\\2.25\end{Bmatrix}$,$Y^{(2)}=\begin{Bmatrix}1\\-0.446\end{Bmatrix}$

(f) $\omega_1 = 2.647\sqrt{\dfrac{EI}{ml^3}}$, $\omega_2 = 6.402\sqrt{\dfrac{EI}{ml^3}}$, $Y^{(1)} = \begin{Bmatrix} 1 \\ 0.707 \end{Bmatrix}$, $Y^{(2)} = \begin{Bmatrix} 1 \\ -0.707 \end{Bmatrix}$

(g) $\omega_1 = 1.673\sqrt{\dfrac{EI}{ml^3}}$, $\omega_2 = 5.07\sqrt{\dfrac{EI}{ml^3}}$, $Y^{(1)} = \begin{Bmatrix} 1 \\ 0.0661 \end{Bmatrix}$, $Y^{(2)} = \begin{Bmatrix} 1 \\ -7.5661 \end{Bmatrix}$

9. (a) $\omega_1 = 0.161\sqrt{\dfrac{EI}{ma^3}}$, $\omega_2 = 1.760\sqrt{\dfrac{EI}{ma^3}}$, $\omega_3 = 5.089\sqrt{\dfrac{EI}{ma^3}}$

$Y^{(1)} = \begin{Bmatrix} 1 \\ 0.522 \\ 0.151 \end{Bmatrix}$, $Y^{(2)} = \begin{Bmatrix} 1 \\ -6.341 \\ -4.562 \end{Bmatrix}$, $Y^{(3)} = \begin{Bmatrix} 1 \\ -13.198 \\ 19.222 \end{Bmatrix}$

(b) $\omega_1 = 0.728\sqrt{\dfrac{EI}{ml^3}}$, $\omega_2 = 1.661\sqrt{\dfrac{EI}{ml^3}}$, $\omega_3 = 3.731\sqrt{\dfrac{EI}{ml^3}}$

$Y^{(1)} = \begin{Bmatrix} 1 \\ 0.0728 \\ 0.0084 \end{Bmatrix}$, $Y^{(2)} = \begin{Bmatrix} 1 \\ -13.311 \\ -1.859 \end{Bmatrix}$, $Y^{(3)} = \begin{Bmatrix} 1 \\ -80.26 \\ 287.6 \end{Bmatrix}$

10. (1) $\theta = 31.42/s$, $I_1^0 = 6\text{kN}$, $I_2^0 = 0.896\text{kN}$

(2) $\theta = 52.36/s$, $I_1^0 = -14.11\text{kN}$, $I_2^0 = -2.138\text{kN}$

由叠加法 $M = \overline{M}_1 I_1^0 + \overline{M}_2 I_2^0 + M_P$ 可作出最大动弯矩图。

11. $\Delta_{CV} = 0.174\text{mm}$ (↑), $\Delta_{CH} = 0.155\text{mm}$ (→), $M_{AB} = 1826\text{N} \cdot \text{m}$

12. $Y_1 = -0.202\text{mm}$, $Y_2 = -0.206\text{mm}$, $M_A = 5.01\text{kN} \cdot \text{m}$

13. $\begin{cases} k_{11}y_1 + k_{12}y_2 + m_1\ddot{y}_1 = F(t) \\ k_{21}y_1 + k_{22}y_2 + m_2\ddot{y}_2 = F(t) \end{cases}$, $k_{11} = 39EI/h^3$, $k_{12} = k_{21} = -15EI/h^3$, $k_{22} = 123EI/(8h^3)$

参 考 文 献

[1] 吕恒林. 结构力学（上册）[M]. 北京：中国建筑工业出版社，2018.
[2] 龙驭球，包世华，袁驷. 结构力学Ⅰ-基本教程（第3版）[M]. 北京：高等教育出版社，2012.
[3] 龙驭球，包世华，袁驷. 结构力学Ⅱ-专题教程（第3版）[M]. 北京：高等教育出版社，2012.
[4] 朱慈勉，张伟平. 结构力学（上册，第3版）[M]. 北京：高等教育出版社，2016.
[5] 朱慈勉，张伟平. 结构力学（下册，第3版）[M]. 北京：高等教育出版社，2016.
[6] 单建，吕令毅. 结构力学（第2版）[M]. 南京：东南大学出版社，2011.
[7] 李廉锟. 结构力学（上册，第6版）[M]. 北京：高等教育出版社，2017.
[8] 李廉锟. 结构力学（下册，第6版）[M]. 北京：高等教育出版社，2017.
[9] 包世华，熊峰，范小春. 结构力学教程[M]. 武汉：武汉理工大学出版社，2017.
[10] 雷钟和. 结构力学学习指导[M]. 北京：高等教育出版社，2012.
[11] 于玲玲. 结构力学[M]. 北京：中国电力出版社，2009.
[12] 雷钟和，江爱川，郝静明. 结构力学解疑（第2版）[M]. 北京：清华大学出版社，2008.